跟著大師學

微奢華甜點 裝飾技法

Anniversary
本橋雅人

歡迎來到甜點裝飾的世界

在不久之前，日本的婚禮蛋糕都還只是一些不能吃的模型。Anniversary以「真想製作出美味、可食用又漂亮的婚禮蛋糕」這樣的想法為契機於焉誕生。

「可食用的婚禮蛋糕」得到了許多人的支持，至今為止每年要製作的蛋糕，已經多達約5000個。除了各式各樣的訂製設計款裝飾蛋糕之外，也同時製作了許多原創設計的蛋糕，來提供給各位顧客選購。

本書內容是以連初學者都能簡單了解的方式，將長時間培養出來的專業技巧，從最基礎開始一一地加以解說。作品的方面則是以奶油霜和巧克力等，製作甜點裝飾時希望讀者能具備的基本技巧，以及任何人看了都會開心的設計為主。因為書中也收錄了許多在Anniversary實體店面相當受歡迎的設計款式，所以請務必一邊欣賞一邊試著做做看。

此外，所有甜點裝飾的技巧介紹，都會備註上每個人都能理解的等級區分。Level 1（★☆☆）是剛開始接觸的讀者也能簡單嘗試挑戰的作品。雖然在Level 3（★★★）的作品中，介紹了必須具有一定程度的技術才能製作的較複雜設計，但要是能熟練的話，就能夠理解並學會其中的每一個技巧。

一開始，也可以先用市面上販售的海綿蛋糕或餅乾來試著做做看，然後用自己做出來的點心，創作出世上獨一無二的原創作品。我想在完成的時候，肯定能感受到甜點裝飾的樂趣。

Anniversary 本橋雅人

甜點裝飾的技巧是什麼？

奶油霜、水果……讓甜點變得華麗的裝飾素材有很多。
為了讓每個人都能感受到裝飾的樂趣，本書將以5個基本項目加以介紹。
只要熟練之後，不論是哪種場合都能隨心所欲地做出讓人開心的甜點。

CREAM

奶油霜依照花嘴不同、擠法和塗抹方式，可以做出各式各樣的裝飾。

TECHNIQUE1
奶油糖霜的裝飾擠法
→ p.17、24

TECHNIQUE 2
鮮奶油霜的擠法
→ p.15、22

CHOCOLATE

巧克力的種類非常豐富，而隨著不同的種類，技巧和表現方式非常多樣化，因此請試著盡情享受巧克力裝飾深奧的妙趣吧。

TECHNIQUE 3
巧克力糖膏 → p.38、46

TECHNIQUE 4
淋面巧克力 → p.37、50

TECHNIQUE 5
調溫巧克力裝飾法 → p.39、50

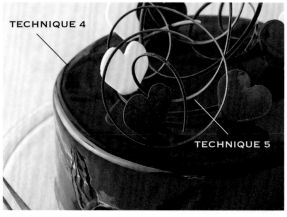

FRUIT

為甜點妝點出華麗氛圍的水果，可
以隨著切法和裝飾法的細節，而製
作出完美的設計。

TECHNIQUE 6
水果裝飾的切法
→ p.55、60

TECHNIQUE 7
塗抹果膠
→ p.55、56

SUGAR

糖的裝飾技法，可以直接活用砂糖原本
的白色，也可以享受調成繽紛色彩的樂
趣。

TECHNIQUE 8
糖蕾絲
→ p.67、76

TECHNIQUE 9
糖霜
→ p.66、68

ARRANGE

除了奶油霜或新鮮水果之外，還有很多食材也能依
不同變化，享受甜點裝飾的樂趣。

TECHNIQUE 10
果乾、香草裝飾
→ p.80

TECHNIQUE 11
鮮奶油霜抹面裝飾
→ p.80

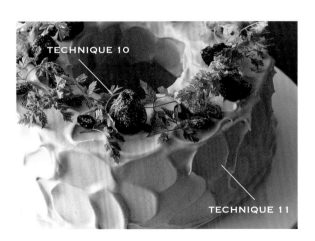

contents

Part 1 奶油霜的裝飾技法

Part 2 巧克力的裝飾技法

《★☆☆》Level 1 甜點裝飾技法初級　　《★★☆》Level 2 甜點裝飾技法中級　　《★★★》Level 3 甜點裝飾技法高級

甜點裝飾的材料

在此介紹甜點裝飾時主要使用的材料。

比較不常見的甜點製作材料，在甜點專賣店和網路商店等都可以買到。

鮮奶油霜

本書使用的是在乳脂肪含量45％的鮮奶油裡額外添加乳脂肪含量18％的發泡鮮奶油（p.89）來使用。在家製作的話，用38～42％的產品會比較好操作。

奶油糖霜 (p.16)

因為比鮮奶油霜更便於保存，也比較能維持形狀，所以會使用在製作最後裝飾的花朵等。可以冷凍保存，因此一次多做一些儲存備用會很方便。

卡士達奶油醬 (p.90)

用來製作蛋糕的夾餡或是填入塔皮的內餡等。不能冷凍。也有販售只要加水就能製作的粉狀產品，所以直接使用這樣的產品也OK。

巧克力

本書使用的是製作甜點用的「甜點專用巧克力」。使用「甜巧克力」、「牛奶巧克力」、「白巧克力」等3種。

裝飾用巧克力

不需要調溫的巧克力。只要加熱融化就可以使用，想輕鬆做巧克力裝飾時會很方便。

巧克力糖膏

容易調色且能長久維持形狀，可以像黏土一般揉捏操作，自由地製作各種細緻造型。有牛奶和白色的兩種。

新鮮水果

只使用一種水果的話，設計氛圍較容易統合一致，如果是使用多種水果，則能呈現華麗的感覺。試著選用自己喜歡的水果來裝飾吧！

果乾

可以做出和新鮮水果完全不同的感覺。可以直接使用，也可以裹上細砂糖妝點成白色外觀來裝飾。

冷凍乾燥水果

冷凍過後再以真空狀態乾燥的水果。切碎使用也很方便。

果泥

使用於鮮奶油霜的調色，能調出比食用色素自然的顏色，也有水果的風味。大部分是冷凍的產品。

濃縮果汁

用來為以果泥調色的鮮奶油霜進行顏色調整，會變得比較顯色，如果沒有的話也可以用食用色素。

果醬

可以夾在蛋糕和餅乾裡，為甜點的風味增添畫龍點睛之效。用於裝飾時也很可愛。也可以使用市售品。

香草

在水果之間以綠色植物裝飾就能瞬間增添設計感。最常使用的是薄荷，不過使用細葉香芹或迷迭香等來裝飾也很漂亮。

堅果

能在設計和口感方面增添畫龍點睛之效，為甜點營造出質樸且溫暖的氛圍。可以整顆使用，也可以切碎使用。

食用花

專為食用而種植的花卉。大和撫子、三色堇、鳳仙花等，隨著季節的變換，販售的花卉種類也會不同。

裝飾用糖珠

用砂糖和玉米澱粉等原料製作而成的甜點專用材料。最常見的是銀色的糖珠，也有販售粉紅色或藍色的產品。

果膠

塗抹在水果上的透明果凍狀材料。一般稱為果膠。除了能讓水果產生光澤，也有防止乾燥的效果。

栗子泥

將糖煮栗子做成泥狀的產品。在製作蒙布朗時可用來製作奶油霜。可以在烘焙用品專賣店等處購買。

糖粉

有分為可溶性糖粉和防潮糖粉兩種。製作糖霜時是使用可溶性糖粉，在最後裝飾時撒在甜點上的則是使用防潮糖粉。

食用色素

粉狀的食用色素可以加入水中融化再使用，即使是很少的量也很容易就能上色。只要有基本的紅色、藍色、黃色3色，就能夠做出各式各樣的色彩變化。

抹茶粉

用於製作綠色奶油霜或抹茶傑諾瓦士蛋糕。留意不要讓粉末結塊。進行最後裝飾時，撒在甜點上也很美麗。

甜點裝飾使用的器具

在此介紹進行甜點裝飾時主要會使用到的器具。
因為各種甜點所使用的器具不盡相同，所以請依用途準備相對應的器具。

調理盆

製作甜點時，如果能多備幾個的話會很方便運用。除了要備齊不同的大小，如果常用的尺寸能準備2個的話，使用起來就會更便利。

打蛋器

將奶油霜或甘那許等材料混合時使用。配合調理盆的大小，準備2種尺寸會比較方便。

手持式電動攪拌器

製作糖霜和奶油糖霜時使用，可以在打發或攪拌時維持一定的速度操作。有桌上型攪拌器的話，使用起來也會很方便。

橡皮刮刀

拌混材料、將麵糊等從調理盆中刮乾淨時使用。如照片中這種握把和刮刀部分一體成型的產品會比較衛生。

抹刀、L型抹刀

在將奶油霜塗抹到蛋糕上面時，或是將巧克力塗抹開時會使用到。有抹刀和L型抹刀的話，2種分開來使用會很方便。

蛋糕轉台

雖然沒有蛋糕轉台也能進行裝飾作業，但如果能使用的話，就能讓蛋糕的鮮奶油霜抹面更漂亮。

刷子

用來將果膠塗抹到水果上。有毛刷也有矽膠製的產品。在為傑諾瓦士蛋糕刷上糖漿時也會使用到。

剪刀

在將擠花紙筒的前端剪掉時，或是移動用奶油糖霜製成的玫瑰花時都會使用到。尖端部分較薄、較窄的款式會比較方便使用。

茶篩網

在進行最後裝飾撒上糖粉和可可粉的時候使用。有把手能拿著的款式，使用起來會比較方便。也常用於過濾液體等。

擠花袋

在擠奶油霜或是將餅乾或馬卡龍麵糊等擠到烤盤上面的時候會使用到。不論是塑膠製品或是布製品，只要容易買到的就OK。

擠花嘴

市面上有販售各種大小和形狀的產品，初學者請先準備好圓形花嘴和星形花嘴這2種。

擠花紙筒

想讓擠出來的花紋、圖樣比擠花嘴擠的效果更細時會使用到，也能用於描繪文字時。使用烘焙紙來製作（p.52）。

三角刮板

將巧克力或蛋糕的奶油霜做出花紋時會使用到。前端的形狀有些許不同，可因用途準備不同的產品。

壓模模具

將巧克力或餅乾等壓出造型時會使用到。從基本的造型到細緻的圖案，可以多準備一些不同的模具。

無底模圈

將傑諾瓦士蛋糕壓出造型時會使用到。也可以用來當作壓模模具，因為是耐高溫的產品，也可以在底部墊著烘焙紙當作烤模使用。

糖蕾絲模型

在製作裝飾用糖蕾絲時會使用到的模型。能放進烤箱烘烤的矽膠製耐高溫商品，使用起來很方便。

牛奶盒

如果沒有形狀剛好適合的壓模模具或無底模圈的時候，可以將牛奶盒裁剪成紙型來替代使用。

刀子

用較小的小刀來切裝飾水果會比較方便。切蛋糕的時候請使用菜刀或是鋸齒刀。

擠花釘、布丁杯模

用奶油糖霜製作玫瑰花等的時候，會使用到的底座。如果沒有的話，也可以用布丁杯模的底部來替代。

溫度計

進行巧克力調溫或是製作奶油糖霜時會使用到。雖然沒有用溫度計也能製作，但能使用的話比較不會失敗。

烘焙紙

烘烤蛋糕或餅乾時會鋪在烤盤裡的紙。在製作擠花紙筒、巧克力裝飾時也會使用到。

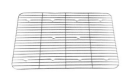

蛋糕冷卻架

將烤好的甜點靜置冷卻時會使用到的器具，在製作巧克力淋面時也會使用。尺寸請配合淺盤的大小。

淺盤

在鋪排準備好的材料，或是將擠好的奶油糖霜花朵排好、放入冰箱冷凍等時候，有的話會讓操作方便很多的器具。

擀麵棍

可以將塔皮和派皮擀成均等的厚度。本書中在製作巧克力糖膏時也會使用到。

OPP包裝紙

透明且材質比較厚實的透明片，在擠奶油糖霜花朵時可以當作底座，也可以用來防止糖蕾絲變乾燥。

甜點裝飾用語集

本書中介紹了許多甜點專門用語，在此介紹這些甜點用語的法、英等原文。

法 glaçage

淋面。在甜點的頂部淋上巧克力或果醬等將整體表面覆蓋住。

英 crumb

海綿蛋糕體的碎屑。為了避免進行抹面作業時蛋糕碎屑四處掉落，會先使用鮮奶油霜進行所謂的「初胚作業」來為蛋糕體定型。

法 copeau

法文原本指的是「木屑」。在甜點世界中，主要是指將巧克力削成薄薄的「巧克力碎片」。

法 génoise

傑諾瓦士蛋糕。也就是指海綿蛋糕。

英 tempering

指的是巧克力的「調溫」作業，經過調溫的巧克力，其風味和口感都會變得比較好。

法 napper

抹面。像要將甜點覆蓋般地塗上奶油霜或凝膠狀物。裝飾蛋糕主要是以鮮奶油霜塗抹。

法 nappage

果膠。使甜點呈現光澤時使用的凝膠狀產品，此外也意指「產生光澤」這件事。

英 plastic chocolate

巧克力糖膏。具有較易維持形狀、可以自由製作造型等特徵的巧克力。

英 bloom

巧克力白霜。巧克力表面變白或變色、或是浮出白色斑點。如果巧克力浮出白霜的話，外觀和味道都會變差。

法 fraise

「草莓」的法文。

【其他用語】
抹平頂部

將蛋糕塗抹上鮮奶油霜的時候，用抹刀將從側面突出頂部的鮮奶油霜抹平刮除，將頂部整平。

塗抹糖漿

在蛋糕上用刷子塗上糖漿或噴上糖漿。

本書的使用方法

· 鮮奶油霜如果不打發多一些的話會不好操作，所以材料表中記載的是會有剩餘一些的分量。
· 食譜是以「Anniversary」製作的配方為基準，所以有些材料的分量不會有精細的數字標示。此外，有時候製作好的成品分量，並不會剛好就是該道甜點所需要的分量。
· 裝飾時使用的底座甜點，也可以使用自己喜歡的配方來製作，當然也可以使用市售品。
· 奶油是使用無鹽奶油。
· 烤箱的溫度和烘烤時間是提供讀者參考的標準值。會因機型和烤箱的性能而有所改變，請一邊觀察一邊調整。
· 新鮮甜點的保存期限為1天，糖霜餅乾等烘烤點心則以1個禮拜為基準，餅乾請和乾燥劑放在一起保存。
· 蛋請秤量正確的分量使用。重量基準以L尺寸的蛋來說為全蛋60g、蛋黃20g、蛋白40g。

Part 1
奶油霜的裝飾技法

本章節介紹運用鮮奶油霜或奶油糖霜的各種技巧。擠法或抹面方法只要稍微做些改變，蛋糕給人的感覺就會有驚人的變化。來裝飾戚風蛋糕、蛋糕卷或杯子蛋糕等基本款蛋糕吧。

奶油霜的基礎技法

在此介紹進行甜點裝飾時、經常會使用到的鮮奶油霜和奶油糖霜相關基本技法。
如果能按部就班地確實掌握到重點的話，就能做出如法式甜點店一般等級的漂亮成品。

打發鮮奶油
在鮮奶油中加入細砂糖（分量為鮮奶油的10%），並加入少許君度橙酒（p.89）以增添風味。

1
在調理盆內放入鮮奶油，加入細砂糖和君度橙酒，以手持式電動攪拌器攪打。

2
攪打至提起電動攪拌器時鮮奶油呈濃稠狀滴落，且落下時痕跡很快就消失的程度，就停下電動攪拌器。

3
最後用打蛋器調整鮮奶油霜的硬度。攪打時在調理盆下面墊著冰水，盡可能不要使鮮奶油霜的溫度上升。

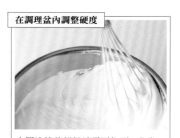

在調理盆內調整硬度

表層塗抹的鮮奶油霜要打至6分發，擠花用的則是打至7分發，像這樣因用途而需要有不同硬度的鮮奶油霜時，就先將整體打至接近6分發，然後再只把調理盆裡靠近身體這一側的鮮奶油霜，依需求打發至不同硬度，這樣就能只用一個調理盆調整完成。

鮮奶油霜的塗抹方法
分成3個階段進行抹面就能抹得很漂亮。如果想節省時間，也可以省略「初胚」的步驟。

初胚

1
在開始打底塗抹第一層前，為了不讓海綿蛋糕的碎屑等影響表面，先用打至**8分發**的鮮奶油霜塗抹側面。

2
抹刀斜放，將塗抹側面時超出邊緣的鮮奶油霜往中心塗抹，抹好頂部。

打底

3
以抹刀舀起一勺同樣**8分發**的鮮奶油霜，然後依照頂部、側面的順序大致塗抹。

6分發

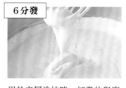

用於表層塗抹時。打發的程度以舀起時呈現濃稠狀低落、痕跡會消失的狀態為準。

4
將抹刀貼著蛋糕體側面，轉動蛋糕轉台，漂亮地抹平。頂部則是用抹刀輕輕刮，將鮮奶油霜刮除。

表層塗抹

5
用抹刀舀起略多的**6分發**鮮奶油霜，和打底時一樣依照頂部、側面的順序大略塗抹。

6
將抹刀貼著蛋糕體側面，轉動蛋糕轉台，漂亮地抹平。頂部則是用抹刀輕輕刮，將鮮奶油霜刮除。

7分發

用於擠花。打發的程度以舀起時可拉出尖角、前端微微勾起的狀態為準。

8分發

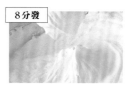

打底時使用。打發的程度以舀起時確實留下痕跡的狀態為準。

鮮奶油霜調色

使用果泥的話，能調出自然的顏色。使用食用色素調出的色彩較人工，可依需求分別使用。

使用果泥調色

1

如果想調成粉紅色，就在打發的鮮奶油霜中加入草莓果泥（分量為鮮奶油霜的8％）。

＊冷凍果泥請解凍後再使用。

2

混合攪拌後要是覺得顏色太淺，可以加入少許草莓濃縮果汁加以調整。

＊也可以使用食用色素調整顏色。

使用食用色素調色

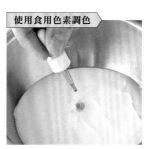

將加水調開的食用色素一點一點慢慢加入混合。

＊只要加入少許就能確實上色，所以請留意不要加過頭了。

用甘納許呈現暗色調

在調好色的鮮奶油霜中加入甘納許（p.36），就能讓顏色呈現暗色調。在鮮豔的粉紅色中加入茶色，就能呈現出具有深度、較沉穩的氛圍。製作出較成熟的設計。

鮮奶油霜的擠法

介紹擠花嘴的種類以及使用時擠花的技法。擠花時使用7分發的鮮奶油霜。

星形花嘴 依切口的數量不同而有許多種類。可依照喜好選擇切口較多或較少的花嘴。

玫瑰花狀

貝殼狀

幾乎不要移動地以寫出「の」的方式擠出，快速收尾。

稍微由內側往外側施力擠出，快速提起。

圓形花嘴 除了用於甜點裝飾也常用來擠麵糊，備有一個大小介於#8～#12的花嘴會很方便。

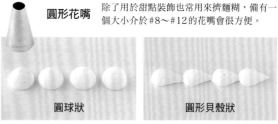
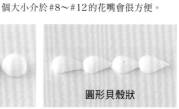

圓球狀

圓形貝殼狀

垂直不移動地擠出，最後快速向正上方提起。

「貝殼狀」的圓形花嘴版本。於前端集中擠出再快速向後拉收尾。

花瓣花嘴 在擠出玫瑰等花朵時使用。花嘴上下的寬度不同為其特色。

荷葉邊

波浪

將花嘴開口較細的一側向下，以連續寫出「U」字般的方式擠出。

將花嘴開口較細的一側向上，以完全打橫並上下小幅度移動的方式擠出。

葉形花嘴 用於擠出葉片形狀的花嘴。可以擠出中央凹陷的形狀為其特色。

葉片

蓬鬆感

擠出奶油霜後往斜下方拉，做出葉片的尖端處。

只要上下移動，如要將皺褶聚集在一起般擠出。

蒙布朗花嘴 製作蒙布朗時使用的花嘴。有數個小洞。

蒙布朗

線條

手不停地均等施力，向上以螺旋狀方式畫圓。

一邊上下移動一邊擠出。

花形花嘴 簡單地就能擠出花朵形狀的花嘴。有許多不同的造型，找找看自己喜歡的吧！

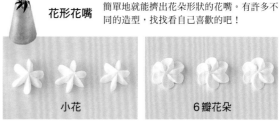

小花

6瓣花朵

不必特別移動，擠出後往正上方快速提起。

一邊轉動手腕處一邊擠出，停下收尾。

奶油糖霜的作法
因為加入了起酥油，延展性變好也更容易掌握形狀。有剩下的話可以冷凍保存。

材料（容易製作的分量）

蛋白 … 54g

糖粉 … 107g

奶油* … 202g

起酥油 … 59g

＊因為想讓成品的顏色偏白，所以推薦使用「可
爾必思奶油」（註：日本可爾必思公司出產的奶
油，顏色比一般奶油淺）。先置於室溫回軟。

1
在調理盆中放入蛋白和糖粉，用
打蛋器充分拌混。

2
在調理盆底下墊著熱水，不停混
合攪拌至溫度上升到70℃。

＊因為溫度會上升得很慢，如果熱
練之後也可以直接用火加熱。屆時
要留意不要讓鍋底燒焦。

3
等溫度上升後從熱水中移開，接
著過濾到另一個調理盆裡。

4
以手持式電動攪拌器高速一口氣
打發。

5
稍微降溫後再繼續打發至呈現黏
稠感。

6
加入置於室溫回軟的奶油，再以
手持式電動攪拌器高速拌混。

＊奶油先用橡皮刮刀等攪拌至柔軟
滑順的狀態備用。

7
將奶油混入，攪拌至質地變得柔
滑為止。

8
加入起酥油，用手持式電動攪拌
器低速拌混。

＊以低速拌混時可以打散氣泡讓質
地變滑順。

9
將奶油糖霜從乾乾粗粗的狀態攪
拌至變得柔軟滑順後就完成了。

用食用色素調色

如果想將奶油糖霜上色的話，
就使用容易顯色的食用色素。
將用水調開的食用色素一點一
點慢慢加入調色。如果是凝膠
狀的食用色素可以直接加入。

奶油糖霜的裝飾擠法

奶油糖霜是用於裝飾的基本素材。顏色可依照喜好使用。

草莓的花

1

以圓形花嘴先稍微施力擠出奶油糖霜,再快速往整朵花的中央方向拉。

2

用和**1**一樣的方法擠出5片花瓣。

3

用擠花紙筒在中央擠出圓形。
＊將花朵擠在OPP包裝紙等上,冷凍凝固後用於裝飾。

6瓣花朵

1

用花形花嘴以手腕向內轉的方式擠出奶油糖霜。

2

將往內側轉的手腕以往外側讓花瓣展開的方式,一口氣擠出然後停下。

3

用擠花紙筒在中央擠出圓形。
＊將花朵擠在OPP包裝紙等上,冷凍凝固後用於裝飾。

玫瑰花

1

將花瓣花嘴開口較細的一側朝上,一邊轉動擠花釘一邊將奶油糖霜擠出一圈。

2

在第一圈末端處以稍微重疊的方式,由尾端往靠近身體這一側擠一圈奶油糖霜,收尾時以向下捲的方式擠出。

3

依照**2**的方式逐漸增加花瓣。
＊如果只擠出2～3片的話,可以做出花苞。擠好的玫瑰花用剪刀剪取,裝飾在蛋糕上。

藤蔓和小花

1

將綠色奶油霜填入擠花紙筒,以細細的波浪線條重疊描繪,畫出藤蔓。

2

用剪刀將擠花紙筒前端剪出斜斜的切口,在**1**的旁邊各處擠出,描繪葉片。

至於花紋裝飾的奶油糖霜,則是可以直接擠在蛋糕上描繪。

3

在擠花袋填入粉紅色奶油糖霜,將花瓣花嘴開口較細的一側朝上,在正中央擠出3片花瓣。

4

花朵根部的連接處用**2**的擠花紙筒畫出花萼。

用鮮奶油霜的抹面 & 擠花裝飾

草莓裝飾蛋糕

正統派風格的基本款裝飾蛋糕。因為會隨著鮮奶油霜的
擠法而呈現出不同的變化,所以可以試試看各種方式。
使用帶著蒂頭的草莓可以呈現出可愛的感覺。

材料（直徑12cm的圓形模具1個份）

傑諾瓦士蛋糕（p.88）… 直徑12cm的1個
基本的鮮奶油霜（p.89）… 350g
草莓、糖珠、果膠、糖漿（p.23）… 各適量
草莓果泥 … 少許

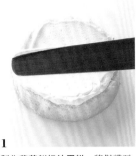

1

製作草莓鮮奶油蛋糕。 將傑諾瓦士蛋糕從中央橫向切片，噴上糖漿。抹上8分發的鮮奶油霜。

2

鋪排上切片的草莓。

3

再抹上8分發的鮮奶油霜。

4

疊上剩下的另一片傑諾瓦士蛋糕，再於頂部噴上糖漿。

5

塗抹鮮奶油霜。 首先進行初胚作業。將8分發的鮮奶油霜依側面、頂部的順序，薄薄地塗抹上一層。

＊進行初胚作業來整理形狀，可以避免海綿蛋糕的碎屑影響表面。

6

接著打底。將8分發的鮮奶油霜依照頂部、側面的順序塗抹。

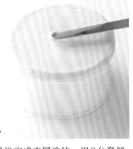

7

最後完成表層塗抹。用6分發鮮奶油霜以和打底一樣的方式，依頂部、側面的順序塗抹。

＊全部塗抹後用抹刀貼著蛋糕側面，將蛋糕轉台旋轉一圈，漂亮地抹平。頂部則是用抹刀以輕輕刮除的方式抹平。

8

擠鮮奶油霜。 用星形花嘴將7分發的鮮奶油霜，在頂部邊緣以畫出彎鉤狀的方式擠出，然後擠出2個貝殼狀（p.15），重複此步驟。

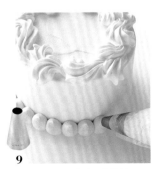

9

將剩下的鮮奶油霜用草莓果泥調色，做出粉紅色的鮮奶油霜。以圓形花嘴延著蛋糕底部邊緣擠上一圈圓球狀（p.15）。

10

最後裝飾。 在底部邊緣的鮮奶油霜之間放上糖珠裝飾。

11

在草莓表面塗上果膠。

12

在頂部正中央放上草莓裝飾。

＊在頂部隨意放上切成一半的草莓裝飾，為蛋糕裝飾設計增添畫龍點睛的效果。

各式各樣的裝飾 & 將鮮奶油霜做出花紋

水果香草戚風蛋糕

在戚風蛋糕放上水果、香草植物或食用花等做出美麗的裝飾。因為蛋糕所呈現的氛圍會隨著上面的裝飾物而有不同變化,所以請多方嘗試!側面則是利用叉子做出花紋。

材料（直徑10cm的戚風蛋糕模具1個份）

戚風蛋糕（p.89）…直徑10cm的1個
基本的鮮奶油霜（p.89）…200g
檸檬、藍莓、萊姆、柳橙、覆盆子、迷迭香、食用花…各適量

1
<u>塗抹鮮奶油霜</u>。將8分發的鮮奶油霜依照頂部、側面的順序打底塗抹。

＊用鮮奶油霜將戚風蛋糕中央的洞填滿。也可以不填滿而活用這個洞來做出設計變化。

2
將6分發的鮮奶油霜依照頂部、側面的順序完成塗抹。

3
利用叉子的背面在側面做出花紋。

＊將叉子由下往上移動。

4
抹平頂部。

＊用抹刀以輕輕刮過的方式將超出邊緣的鮮奶油霜抹除。

5
頂部則是用叉子由外側往中心做出花紋。

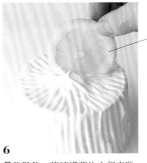

6
<u>最後裝飾</u>。將檸檬薄片立起來裝飾。

利用藍莓支撐檸檬薄片，讓檸檬薄片可以立起來。

7
放上藍莓、半圓形的萊姆薄片、去皮的柳橙瓣（p.54）裝飾。

8
放上覆盆子裝飾。

9
用剪刀將迷迭香剪短。

10
放上迷迭香、食用花等裝飾。

11
撒上糖粉。

＊完成裝飾時撒上的糖粉請使用防潮糖粉。

用調色鮮奶油霜 & 擠花裝飾

玫瑰花裝飾蛋糕

只用鮮奶油霜和糖珠簡單的裝飾，就能做出充滿華麗感的裝飾蛋糕。鮮奶油霜使用粉紅色和白色兩色，糖珠則選用2種大小，做出品味高雅的成品。

材料（直徑12cm的圓形模具1個份）

傑諾瓦士蛋糕（p.88）…直徑12cm的1個
基本的鮮奶油霜（p.89）…800g
草莓、糖珠（大、小）、糖漿（參照下方）…各適量
草莓果泥…少許

1
製作草莓鮮奶油蛋糕，將蛋糕抹面完成至鮮奶油霜打底好的狀態（p.19）。

2
<u>擠鮮奶油霜</u>。將相同尺寸的星形花嘴分別放入2個擠花袋中，然後將用草莓果泥調成粉紅色以及白色等2色的7分發鮮奶油霜分別裝填到擠花袋裡。

3
將**2**交替擠出玫瑰花狀（p.15）。

4
以2朵白色1朵粉紅色、2朵白色2朵粉紅色等方式隨機擠上。

5
第2排也以同樣方式擠上。

6
蛋糕邊緣也以同樣方式擠上玫瑰花。

7
頂部隨機擠上玫瑰花填滿。

8
最後再隨意地在幾處擠上幾朵，呈現出立體感。
＊以將有空隙的地方填滿的方式擠滿，就能做得很漂亮。

9
<u>最後裝飾</u>。先放上大的糖珠裝飾。
＊大的糖珠要輕輕放上。

10
以小的糖珠添加裝飾。
＊小的糖珠則一粒粒地撒上。

糖漿的作法

只要將糖漿裝入噴水瓶中噴灑，就能均勻地灑上。如果沒有噴水瓶也可以用刷子塗抹。糖漿的作法是在鍋中放入100g的水和70g的細砂糖煮沸，煮到細砂糖融化後放涼，再加入3g的君度橙酒。

用奶油糖霜的花朵 & 堅果裝飾

小花蛋糕卷

簡單的蛋糕卷只要裝飾一下，也能瞬間變得非常可愛。
利用奶油糖霜做成的花朵可以冷凍保存，有剩下也不用
擔心。最後裝飾撒上的糖粉請選用防潮糖粉。

材料（長18cm的1卷份）

蛋糕片（p.90）…25×18cm的1片
鮮奶油霜…150g
細砂糖…12g
卡士達奶油醬（p.90）…50g

奶油糖霜（p.16）、開心果、糖粉…各適量
食用色素（紅色、黃色）…各少許

※鮮奶油霜要加入細砂糖打至7分發。

1

製作蛋糕卷。將打發的鮮奶油霜取20g打至8分發，再加入卡士達奶油醬用橡皮刮刀混合攪拌。

＊在卡士達奶油醬中加入鮮奶油霜，會使口感更輕盈。

2

在蛋糕卷的蛋糕片抹上115g的鮮奶油霜。

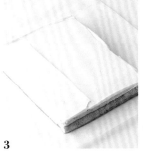

3

塗抹完成。

＊整體的表面都抹上均等的厚度。

4

將1用圓形花嘴在靠近身體這側的蛋糕片上擠上三道卡士達奶油霜。

5

提起墊在下面的烘焙紙讓蛋糕片一同往上提，將靠近身體這側的卡士達奶油霜當作芯，把蛋糕片捲成一卷。

6

直接把烘焙紙往上拉，讓蛋糕快速轉向另一側。

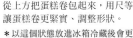

7

將卷好的收尾處朝下，用烘焙紙從上方把蛋糕卷包起來，用尺等讓蛋糕卷更緊實、調整形狀。

＊以這個狀態放進冰箱冷藏後會更好切。

8

將蛋糕卷的兩端切除。

＊將刀子以瓦斯爐的火等稍微加熱一下會更好切。

9

最後裝飾。將剩下的鮮奶油霜填入裝了圓形花嘴的擠花袋中，擠上5個圓球狀（p.15）。

10

放上用奶油糖霜做成的6瓣花朵（p.17）裝飾

＊使用添加食用色素調成粉紅色和黃色的奶油糖霜。

11

放上縱向切成一半的開心果仁裝飾。

12

撒上糖粉。

＊完成裝飾時撒上的糖粉請使用防潮糖粉。

用鮮奶油霜擠花 & 水果裝飾

4種水果鮮奶油霜
杯子蛋糕

隨著鮮奶油霜的顏色、花嘴和擠法的不同變化，完成了色彩豐
富的杯子蛋糕。不同的組合能夠自由地玩出不同的變化。杯子
裡填入的是以傑諾瓦士蛋糕做成的草莓鮮奶油夾心蛋糕。

芒果杯子蛋糕

材料

（直徑6cm的杯子蛋糕紙杯1個份）

傑諾瓦士蛋糕（p.88）
…直徑6cm的圓形2片
基本的鮮奶油霜（p.89）…150g
草莓、芒果、糖漿（p.23）…各適量
芒果果泥…少許

※在杯子蛋糕紙杯裡製作草莓鮮奶油夾心蛋糕
　（p.47）。
※將剩下的鮮奶油霜（7分發）用芒果果泥調
　成黃色。

1
用花瓣花嘴將黃色鮮奶油霜在蛋
糕中央擠出高高的一層。
＊使用尺寸較小的花瓣花嘴。

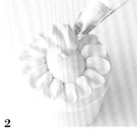

2
將花嘴開口較細的一端朝上，連
續以描繪出半圓形般的方式擠出。
放上切成塊狀的芒果裝飾。
＊不要從靠近身體這側開始擠會比
較順手。轉彎處則以寫英文字母
「M」般地擠出。

藍莓杯子蛋糕

材料

（直徑6cm的杯子蛋糕紙杯1個份）

傑諾瓦士蛋糕（p.88）
…直徑6cm的圓形2片
基本的鮮奶油霜（p.89）…150g
草莓、藍莓、糖粉、糖漿（p.23）
…各適量
藍莓果泥…少許

※在杯子蛋糕紙杯裡製作草莓鮮奶油夾心蛋糕
　（p.47）。
※將剩下的鮮奶油霜（7分發）取一半分量，
　用藍莓果泥調成紫色。

1
在裝上星形花嘴的擠花袋中，縱
向填入一半紫色和一半白色的鮮
奶油霜。
＊試擠看看，如果能呈現漂亮的漸
層色就可以擠到蛋糕上。

2
先在正中央擠出高高一圈鮮奶油
霜。接著繞圈以螺旋狀擠出，放
上撒了糖粉的藍莓裝飾。

**覆盆子
杯子蛋糕**

材料

（直徑6cm的杯子蛋糕紙杯1個份）

傑諾瓦士蛋糕（p.88）
…直徑6cm的圓形2片
基本的鮮奶油霜（p.89）…150g
草莓、覆盆子、糖粉、糖漿（p.23）
…各適量
草莓果泥、甘納許…各少許

※在杯子蛋糕紙杯裡製作草莓鮮奶油夾心蛋糕
　（p.47）。
※將剩下的鮮奶油霜（7分發）取一半分量，
　用草莓果泥和甘那許調成較暗的粉紅色。

1
將相同尺寸的星形花嘴分別裝入
兩個擠花袋中，然後各填入暗粉
紅色和白色的鮮奶油霜。隨機擠
出玫瑰花狀（p.15）。

2
在空隙處擠上鮮奶油霜填滿，放
上撒了糖粉的覆盆子裝飾。

**白葡萄
杯子蛋糕**

材料

（直徑6cm的杯子蛋糕紙杯1個份）

傑諾瓦士蛋糕（p.88）
…直徑6cm的圓形2片
基本的鮮奶油霜（p.89）…150g
草莓、白葡萄、果膠、糖漿（p.23）
…各適量
抹茶粉…少許

※在杯子蛋糕紙杯裡製作草莓鮮奶油夾心蛋糕
　（p.47）。
※將剩下的鮮奶油霜（7分發）取一半分量，
　用抹茶粉調成綠色。

1
在裝上圓形花嘴的擠花袋裡，填
入綠色的鮮奶油霜，擠上一層圓
形貝殼狀（p.15）。正中間的高
度要稍微擠高一點。

2
在裝上星形花嘴的擠花袋裡，填
入白色鮮奶油霜，擠上一圈貝殼
狀（p.15）。再用**1**擠上一圈圓
形貝殼狀，最後放上塗了果膠的
白葡萄裝飾。

Level ★★☆

擠上鮮奶油霜包覆整個蛋糕

白色的心型蛋糕

正因為看起來很簡單，反而是更需要技巧的造型蛋糕。只用
擠出鮮奶油霜來做裝飾。雖然這裡是使用特殊造型的花嘴示
範，但用玫瑰花瓣花嘴或葉片形花嘴也可以做得很漂亮。

材料（直徑15cm的心型模具1個份）

傑諾瓦士蛋糕（p.88）…25cm的正方形1個
基本的鮮奶油霜（p.89）…700g
草莓、糖漿（p.23）…各適量

1

把紙模放在傑諾瓦士蛋糕上，用小刀切出心型。

＊如果有心形的無底圈模，可以直接使用。沒有的話就如圖所示用牛奶盒剪成紙型使用。

2

準備2片。

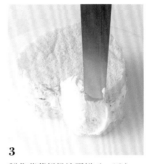

3

製作草莓鮮奶油蛋糕（p.19）。
塗抹鮮奶油霜。首先進行初胚作業。用8分發的鮮奶油霜從側面的凹入部分開始塗抹。

4

塗抹頂部。

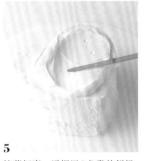

5

接著打底。這裡用8分發的鮮奶油霜先從頂部開始塗抹。

6

塗抹側面。

＊凹入的部分用抹刀確實貼著塗抹，就能製作出分明的輪廓。

7

擠鮮奶油霜。將7分發的鮮奶油霜用特殊造型的花嘴，從心形的半圓中間開始擠。

＊從外側開始擠的話，連接時會讓擠好的地方變髒，所以從凹進去的地方開始擠。

8

將花嘴小幅度的上下移動，以固定的上下幅度擠完一圈。

＊右手一邊擠，左手一邊轉動蛋糕轉台，使花嘴能保持在同一個位置擠出。

9

不要讓邊緣留下空隙，要確實將整個蛋糕的頂部覆蓋擠滿。

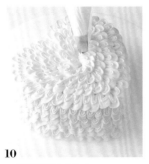

10

一直擠到正中央為止。

活用特殊花嘴

想透過裝飾呈現原創感，使用特殊造型的花嘴是一個好方法。這次使用的是星形開口但下方呈直線狀、形狀如流星般的花嘴（MARPOL #88）。可以在烘焙用品專賣店等處購買。

用奶油糖霜的玫瑰與藤蔓裝飾

粉紅花朵裝飾蛋糕

這是一款以色彩繽紛的奶油糖霜花朵裝飾而成的華麗蛋糕。
將調好色的奶油糖霜再加入甘那許調色，就能呈現成熟的氣
息。利用2種不同擠法製作玫瑰花。

材料（直徑12cm的圓形模具1個份）

傑諾瓦士蛋糕（p.88）⋯直徑12cm的1個

基本的鮮奶油霜（p.89）⋯400g

草莓、奶油糖霜（p.16）、糖漿（p.23）⋯各適量

草莓果泥、甘那許（p.36）、食用色素（紅色、綠色）⋯各少許

1

用奶油糖霜製作玫瑰花。將花瓣花嘴開口較細的一側朝上，擠出玫瑰花的芯（p.17）。

2

從第3片花瓣開始將花嘴小幅度晃動，如做出皺褶般擠出。

3

依照**2**的作法逐漸增加花瓣。

4

將**3**並排放在淺盤上，放進冰箱冷藏。通常都會製作玫瑰花或花苞（p.17）。

＊需要的數量較多的話，可以做好放在淺盤上一次放進去冰。

5

改變花瓣的片數或顏色，製作出各種不同的玫瑰花。

＊奶油糖霜的調色方式也有各種不同的變化，例如：只加入紅色的食用色素、只加甘那許，或是在紅色中再加入甘那許等等。

6

做好草莓鮮奶油蛋糕，用鮮奶油霜打底到整體表面平整的狀態（p.19）。

7

用調成暗粉紅色的6分發鮮奶油霜完成表層塗抹。

＊將鮮奶油霜用草莓果泥和甘那許調色。

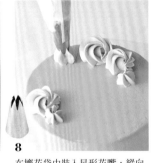

8

在擠花袋中裝入星形花嘴，縱向填入一半白色的鮮奶油霜、一半暗粉紅色的鮮奶油霜，在頂部隨意地擠上玫瑰花狀（p.15）。

9

最後裝飾。將**8**擠出的鮮奶油霜當做基底，擺上大朵的玫瑰花裝飾。

＊將玫瑰花從淺盤中取出移動到蛋糕上時請用剪刀。

10

用和**9**顏色、大小不同的玫瑰花裝飾。

11

如同要排成新月狀一般，用玫瑰花裝飾頂部。

＊將一部分的玫瑰花底部用剪刀斜斜剪掉，做出斜度營造出動態感。

12

將綠色的奶油糖霜填入擠花紙筒，再隨意地描繪上藤蔓和葉片。

＊將奶油糖霜用綠色食用色素調色。

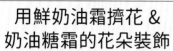

Level ★★★

用鮮奶油霜擠花 &
奶油糖霜的花朵裝飾

公主裙襬半球蛋糕

利用鮮奶油霜擠花做出公主禮服的裙襬。鮮奶油霜
所覆蓋的是3片傑諾瓦士蛋糕、草莓和鮮奶油霜夾
餡。用奶油糖霜做的小花與莓果類裝飾，營造出可
愛的氛圍。

材料（直徑12cm的半球蛋糕1個份）

傑諾瓦士蛋糕（p.88）…直徑12cm的圓形2片、9cm的圓形1片
基本的鮮奶油霜（p.89）…700g
草莓、覆盆子、奶油糖霜（p.16）、果膠、糖粉、糖漿（p.23）…各適量
草莓果泥、食用色素（黃色）…各少許

※將白色和用食用色素調成黃色的奶油糖霜做出6瓣的小花（p.17）。

1
準備2片直徑12cm、1片直徑9cm的圓形傑諾瓦士蛋糕。

2
製作草莓鮮奶油蛋糕（p.19）。

3
<u>塗抹鮮奶油霜</u>。首先進行初胚作業。用8分發的鮮奶油霜從下方開始依序往上塗抹。

＊有高低差的地方就用鮮奶油霜填補起來。

4
蓋上保鮮膜後用手塑性、調整形狀。

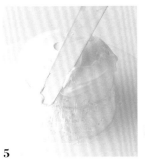

5
接著打底。一開始先大致塗抹整體，最後再將抹刀貼著蛋糕，一邊轉動蛋糕轉台一邊抹平成螺旋狀。

6
<u>擠鮮奶油霜</u>。將7分發的粉紅色鮮奶油霜用花瓣花嘴擠成荷葉邊（p.15）。

＊將鮮奶油霜用草莓果泥調色。

7
每一圈都和前一圈錯開來擠，就會擠得很漂亮。

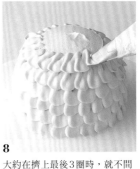

8
大約在擠上最後3圈時，就不間斷地以螺旋狀往上擠到最後。

9
<u>最後裝飾</u>。放上人偶裝飾。

10
用奶油糖霜做成的6瓣花朵、裹上果膠和糖粉的草莓、覆盆子加以裝飾。

關於人偶

放在蛋糕最上面裝飾的人偶是糖霜做成的禮服娃娃（市售品）。可以在專業的烘焙材料專賣店等處購買到。也可以使用真的人偶（下半部用保鮮膜包起來）或描繪成人物角色的造型巧克力。

關於甜點裝飾的 Q & A　01

為了讓大家能更熟練地做出不失敗的甜點裝飾，在此回答一些可事先防範的煩惱和疑問。
首先，要來解說經常會使用到的鮮奶油霜。

 Q 為什麼鮮奶油霜看起來的狀態不太好？

 A 要留意別過度打發或是打發得不夠。

一旦使用了過度打發的鮮奶油霜，就會讓蛋糕的抹面會變得凹凸不平，無法做出漂亮的蛋糕。首先，先將鮮奶油霜打到有點黏稠，打發程度不夠的話，就再用打蛋器依照使用時所需的狀態調整硬度。此外，因為溫度上升的話鮮奶油霜很容易油水分離，所以在使用前盡量先放進冰箱冷藏，或是在下方墊著冰水。鮮奶油霜的分量太少的話，會不好塗抹或是不好擠花，因此多打發一些備用會比較好。

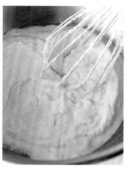

別使用油水分離的鮮奶油霜來裝飾蛋糕。

因為鮮奶油霜的分量太少的話會很不好塗抹，所以請準備多一點。

進行表層塗抹時，使用柔軟滑順的6分發鮮奶油霜。

要做出漂亮的抹面一定需要練習。

Q 做出漂亮抹面的訣竅是什麼？

A 依用途將鮮奶油霜打發到不同程度，分3個步驟塗抹吧！

鮮奶油霜的硬度要隨著抹面的需求做調整。首先，用8分發的鮮奶油霜先打底確實地做出硬度，然後再用6分發的鮮奶油霜將整體表面塗抹得柔滑平整。先將鮮奶油全部打發成略帶黏稠的狀態，如果要用較硬的鮮奶油霜，再依需求只將調理盆中靠近身體這側的鮮奶油霜用打蛋器打發，這樣的話就能簡單地加以調整。此外，在抹面時分成「初胚」、「打底」、「表層塗抹」等三個階段，就能做出如同法式甜點店般漂亮的抹面。

 Q 使用時擠花袋無法保持潔淨！

 A 在填入奶油霜之前
先在擠花袋多做一個處理動作

在填入奶油霜之前，先將擠花袋的前端塞進花嘴裡。只要這樣做就能避免在裝填時，讓奶油霜從下方漏出來。接著將擠花袋上方約1/2～1/3處反折，再填入奶油霜，這樣做可以避免在裝填時弄髒手，順利地將較靠近花嘴的部分填滿。最後將塞進花嘴中的部分復原，就可以開始擠了。

裝填之前先將擠花袋塞入花嘴中。

將擠花袋反折再填入奶油霜的話，會比較有效率。

Part 2
巧克力的裝飾技法

雖然裝飾用巧克力中的甘那許、巧克力糖膏、調溫巧克力等，都可以一言以蔽之地稱為巧克力，但不論種類或裝飾技巧都是千變萬化的。只要能熟練地使用，就能讓裝飾的呈現方式更加多樣化。

CHOCOLATE
巧克力的基礎技法

在此介紹甜點裝飾中相當受歡迎的巧克力裝飾技法。

感覺起來有點難處理的巧克力，要是能掌握製作訣竅的話，其實做起來一點也不難。

甘納許的作法　雖然在Anniversary店裡會使用兩種巧克力，但也可以依喜好只使用1種。

1
將200g的鮮奶油（乳脂肪含量45%）煮沸。
＊煮到鍋邊的鮮奶油微微冒泡的程度。

2
在調理盆中放入96g牛奶巧克力、60g甜巧克力，隔水加熱至巧克力融化。將1分成2次加入。

3
每次加入都用打蛋器攪拌均勻。

4
甘那許製作完成。
＊確實乳化後產生光澤的狀態。

覆盆子甘那許的作法　只要將覆盆子果泥換成其他水果的果泥，就能做出許多不同口味的甘那許。

1
在調理盆中放入100g甜巧克力，隔水加熱至融化。加入50g覆盆子果泥。

2
用打蛋器充分攪拌均勻。

3
將70g煮沸的鮮奶油（乳脂肪含量45%）分成2次加入。每次加入都要充分混合均勻。混合均勻後加入15g事先置於室溫回軟的奶油，接著再混合拌勻。

4
覆盆子甘那許製作完成。
＊確實乳化後產生光澤的狀態。

巧克力鮮奶油霜的作法　加入和鮮奶油霜相同分量的甘那許製作。

1
將裝盛甘那許的調理盆底部墊著熱水，用橡皮刮刀攪拌到柔軟滑順。
＊只要溫溫的、變成液體狀就可以。

2
將1一次全部加入打發的鮮奶油霜中。

3
用橡皮刮刀充分攪拌均勻。
＊避免將空氣拌入鮮奶油霜中，輕輕地攪拌。

4
充分攪拌均勻，完成巧克力鮮奶油霜製作。

淋面巧克力的作法

宛如法式甜點店一般做出充滿光澤的巧克力蛋糕。

材料（容易製作的分量）

可可粉…60g

細砂糖…150g

A 鮮奶油（乳脂肪含量45%）…90g

水…90g

B 吉利丁粉…9g

水…36g

※B材料中的吉利丁粉放入水中泡發變軟，隔水加熱至融化備用。

雖然也可以用調溫巧克力覆蓋蛋糕，但用淋面巧克力來做的話，成品的光澤度會更好更漂亮。

1

在調理盆中放入可可粉和細砂糖，用打蛋器攪拌。

2

將A煮沸。

3

將2加入1中。

＊一邊攪拌一邊全部加入。

4

用打蛋器充分攪拌均勻。

5

將4放入鍋中開中火加熱，用橡皮刮刀一邊攪拌一邊加熱到產生黏稠度。

＊因為過度加熱的話會煮得太濃，所以在煮到細砂糖全部融化的時候，就將鍋子離火。

6

離火之後將B加入混合攪拌。

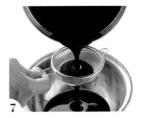

7

用茶篩網過濾。

＊可以篩掉吉利丁粉或是可可粉的結塊。

8

淋面巧克力製作完成。

＊產生光澤且濃稠度恰到好處的狀態。

淋面巧克力的披覆法

留意溫度的掌控，盡可能地快速進行是做出漂亮成品的關鍵。

1

在放進冰箱冷藏到確實冰涼的巧克力蛋糕上，淋上降溫至人體肌膚溫度（35～37℃）的淋面巧克力。

＊首先先繞著外圍淋上一圈，接著再從中央淋上去。

2

最後淋上沒有覆蓋到的部分。

＊淋面巧克力可以重複使用，所以多準備一些分量，不須猶豫地大方淋上。

3

將會變得較厚的頂部用抹刀抹過，將厚度抹得較薄一些。

剩餘的淋面巧克力

流到網架下方的淋面巧克力可以重複使用。舀起來放進保存容器中，再用保鮮膜緊密地蓋上，放進冰箱保存。也可以冷凍保存。

巧克力糖膏的基礎技法
可以如黏土般加以塑形、也可隨意調色的巧克力糖膏，用法很廣泛。

揉捏

1
揉捏巧克力糖膏，使之變得柔軟。

＊如果覺得黏黏的很難操作的話，手粉可以改用玉米澱粉。

2
揉捏到用手指按壓會留下痕跡的柔軟度。

調色

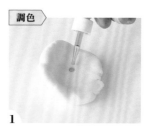

1
加入用水調開的食用色素。

2
揉捏。

＊食用色素要一點一點慢慢加入，每次加入都揉捏均勻，調整出喜歡的顏色。

巧克力糖膏的塑形
可以做出花朵、動物的器官或是留言板等各種不同的造型。

瑪格麗特花

1
擀成3mm厚。

2
用瑪格麗特造型的模具壓出花形。

3
將黃色的奶油糖霜擠在中央位置上（p.16）。

留言板

1
擀成3mm厚。

2
裁成長方形。

3
用甘那許（p.36）等寫上文字。

兔子耳朵

1
擀成2mm厚，用小刀切出耳朵的形狀。

＊使用白色和調成粉紅色的巧克力糖膏。

2
在大一圈的粉紅色巧克力糖膏上重疊放上白色的巧克力糖膏。

＊用糖漿（p.23）來黏貼固定

3
尖端稍微彎曲做出角度。

＊兩邊的角度不一也很討喜，呈現出可愛的感覺。

巧克力調溫的基礎技法

「調溫」顧名思義就是「調整溫度」的意思。要製作充滿光澤、入口即化口感的巧克力時是不可或缺的。

為什麼一定要調溫？

如果只是將巧克力融化後放著，裡頭所含的可可脂結晶會不穩定，外觀和在口中化開的口感都會不佳。因此要進行巧克力調溫，將可可脂的結晶調整成一致且穩定的狀態。經過調溫步驟的巧克力會產生光澤，入口後會柔順地化開。經常用於巧克力裝飾或是表面披覆等。

調溫的作法

還不熟練時要以溫度作為判斷基準，一旦熟練之後就能以巧克力的狀態來做判斷。

1
在調理盆中放入巧克力，隔水加熱至融化。
＊只要有任何一滴水滴到巧克力裡，調溫就會失敗，請務必留意。

2
讓溫度上升至50℃。
＊如果是白巧克力則以40℃為基準。

3
在調理盆下墊著冰水讓溫度下降。
＊要使巧克力整體溫度平均地下降，必須不斷用橡皮刮刀攪拌。

4
讓溫度下降至26℃。
＊如果是白巧克力也是以26℃為基準。

5
墊著溫溫的水，再次讓溫度上升。

6
讓溫度上升至30℃。
＊如果是白巧克力則以29℃為基準。

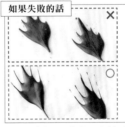

如果失敗的話

✕
○

「巧克力沒辦法馬上凝固」、「巧克力表面呈現白霜狀態」這些狀況有可能就是調溫失敗了。原因有可能是沒有好好的調溫，或是操作時有水分跑到巧克力裡。調溫成功的巧克力的特色是會馬上凝固且表面具有光澤。

※以溫度為判斷基準。因巧克力的種類而有所不同，請參考製造廠商建議的溫度。

調溫巧克力的裝飾法

調溫好的巧克力可以做出各種不同的裝飾。這裡介紹製作柊葉的方式。

1
將調溫好的巧克力填入擠花紙筒，在烘焙紙上擠出水滴狀。

2
用牙籤將巧克力往外拉，做出葉子狀。

3
直接放置一陣子至凝固為止。

如果有成功調好溫的巧克力裝飾，可以漂亮地從紙上取下。

用巧克力 & 冷凍乾燥水果裝飾

2種巧克力擠花餅乾

是製作起來很簡單、很適合用來當作禮物的餅乾。使用
一般市售的巧克力也能製作，但若是用甜點專用的披覆
用巧克力，表面就不會有白霜，能做得很漂亮。

材料（4個份）

原味擠花餅乾（p.91）… 8片
披覆用巧克力（草莓）… 120g
草莓果醬（市售品）、冷凍乾燥草莓、開心果… 各適量

1
在擠花餅乾裡夾入果醬做成夾心餅乾。

2
將1沾上融化的披覆用巧克力。
＊巧克力先隔水加熱融化。

3
並排放在鋪有烘焙紙的淺盤上面。

＊如果沒有鋪烘焙紙，巧克力凝固後會沒有辦法漂亮地取下。

4
在巧克力凝固前撒上切碎的冷凍乾燥草莓和開心果。

材料（4個份）

巧克力擠花餅乾（p.91）… 8片
披覆用巧克力… 120g
草莓果醬（市售品）、冷凍乾燥草莓、開心果… 各適量

1
在擠花餅乾裡夾入果醬做成夾心餅乾。

2
將1沾上融化的披覆用巧克力。
＊巧克力先隔水加熱融化。

3
並排放在鋪有烘焙紙的淺盤上面。

＊如果沒有鋪烘焙紙，巧克力凝固後會沒有辦法漂亮地取下。

4
在巧克力凝固前撒上切碎的冷凍乾燥草莓和開心果。

用巧克力糖膏的瑪格麗特花裝飾

蠟燭淋面蛋糕

將用馬芬模具烘烤的小型磅蛋糕上下翻轉，用融化的披覆用
巧克力做出如滴落的蠟燭般的設計。因為用巧克力糖膏來製
作花朵時，只要擀開再壓出形狀即可，所以非常簡單。

材料（直徑7cm的馬芬模具3個份）

巧克力磅蛋糕（p.91）…3個

披覆用巧克力（白巧克力）…150g

巧克力糖膏（白巧克力）…150g

奶油糖霜（p.16）…適量

食用色素（黃色）…少許

1

用巧克力糖膏製作瑪格麗特花。 揉捏巧克力糖膏，使之變得柔軟。

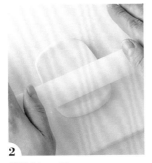

2

擀開成3mm厚。

3

壓出瑪格麗特花的形狀。

＊可以的話用2種不同尺寸來壓出形狀，成品會更可愛。

4

將黃色的奶油糖霜填入擠花紙筒中擠在中央。

＊奶油糖霜用黃色食用色素加以調色。

5

最後裝飾。 在磅蛋糕中央挖出一個可以插入蠟燭的洞。

＊用筷子等挖洞。

6

將融化的披覆用巧克力填入擠花袋中，從中央開始擠出。

＊巧克力先隔水加熱融化。

7

覆蓋中央之後讓巧克力往四處流下。

8

在巧克力凝固前，將蠟燭插進**5**挖開的孔洞中。

9

在巧克力凝固前放上**4**裝飾。

＊先從較大的花朵開始放。一片直接放在蛋糕上，另一片靠著蠟燭立起來裝飾，營造出立體感。

10

最後再用較小的**4**裝飾。

輕鬆使用披覆用巧克力

通常會使用一般的片狀巧克力或是甜點專用的巧克力，披覆用巧克力不需要經過調溫（p.39）的步驟。只要隔著熱水加熱使用即可。只想使用少量的時候，也能派上用場。因為溫度太高的話會不停地往下流，所以只要調整到接近人體肌膚的溫度再使用就可以。

用巧克力鮮奶油霜 & 巧克力碎片裝飾

巧克力裝飾蛋糕

只要將巧克力削成片狀，就可以簡單做出裝飾用的碎片，也有已經
削成碎片狀的市售商品，想要更輕鬆製作的人可以多加利用。

材料（直徑12cm的圓形模具1個份）

巧克力傑諾瓦士蛋糕（p.92）…直徑12cm的1個

巧克力鮮奶油霜（p.36）…400g

甜巧克力、草莓、糖粉、糖漿（p.23）…各適量

1

製作巧克力碎片。用圓形的無底模具削下巧克力。

＊以刮削表面的感覺操作，不要太用力。以均等施力的方式削下。

2

使用巧克力鮮奶油霜來代替鮮奶油霜，**製作巧克力草莓鮮奶油蛋糕**（p.19）。

3

塗抹巧克力鮮奶油霜。首先進行初胚作業。將8分發的巧克力鮮奶油霜依側面、頂部的順序塗抹。

4

接著打底。再次將8分發的巧克力鮮奶油霜依照頂部、側面的順序塗抹。

5

最後完成表層塗抹。用6分發的巧克力鮮奶油霜以和打底一樣的方式，依頂部、側面的順序塗抹。

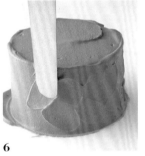

6

用抹刀前端貼著側面，做出凹凸不平的花樣。

＊如果奶油霜變薄的話就一邊適量地補足一邊抹面。

7

如果從側面超出邊緣的鮮奶油霜太多，就輕輕往頂部抹平。

＊如果超出的鮮奶油霜量不多，可以直接開始製作花紋的步驟。

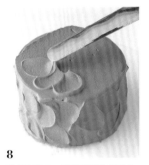

8

頂部也和6一樣做出凹凸不平的花紋。

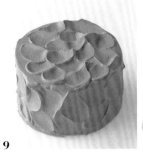

9

抹面完成。

＊做出自然的花紋，成品就能呈現出更好的氛圍。

10

最後裝飾。用星形花嘴將7分發的巧克力鮮奶油霜隨意地在頂部擠上玫瑰花狀（p.15）。

11

空隙處用1裝飾。

＊因為削成薄片的巧克力很容易融化，所以用湯匙等裝飾。

12

撒上糖粉。

＊完成裝飾時撒上的糖粉請使用防潮糖粉。

用巧克力糖膏做的組件 & 調色的奶油糖霜裝飾

4種小動物杯子蛋糕

小朋友看了一定會非常開心、表情可愛的動物杯子蛋糕。用調色的奶油糖霜描繪
臉部,用巧克力糖膏製作耳朵和嘴巴等組件,用整成半球狀的傑諾瓦士蛋糕當作
動物的臉部。

材料（直徑6cm的杯子蛋糕紙杯4個份）

傑諾瓦士蛋糕（p.88）…直徑6cm的圓形8片
基本的鮮奶油霜（p.89）…480g
草莓、巧克力鮮奶油霜（p.36）、巧克力糖膏（牛奶、白色）、
奶油糖霜（p.16）、甘那許（p.36）、糖粉、糖漿（p.23）
…各適量
草莓果泥、食用色素（紅色、黃色）…各少許

基底蛋糕的作法

1
在杯子裡製作草莓鮮奶油蛋糕。
將傑諾瓦士蛋糕鋪在底部，噴上糖漿。用圓形花嘴擠出8分發的鮮奶油霜。

2
鋪入縱向切成4等分的草莓，再擠上鮮奶油霜。

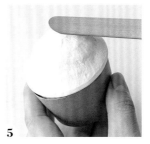

3
用小刀削掉傑諾瓦士蛋糕的角，做出動物的頭。

4
將**3**放在**2**上面。

5
塗抹鮮奶油霜。用8分發鮮奶油霜打底。

6
用5分發鮮奶油霜完成表層塗抹。
＊用湯匙等以澆淋的方式塗抹。

小熊

用巧克力鮮奶油霜進行表層塗抹。用圓形花嘴在牛奶巧克力糖膏上壓出形狀，將一邊捏起來做成耳朵。用7分發鮮奶油霜做出鼻子部分、用甘那許畫出眼睛和鼻尖，用以紅色食用色素調色的奶油糖霜畫上兩頰的腮紅。

小雞

用以黃色食用色素調色的鮮奶油霜進行表層塗抹。用圓形花嘴在以黃色食用色素調色的巧克力糖膏上壓出形狀，對折後將兩端捏緊做出嘴巴。用7分發鮮奶油霜做出雞冠、用甘那許畫出眼睛，用以紅色食用色素調色的奶油糖霜畫上兩頰的腮紅。

兔子

用以草莓果泥調色的鮮奶油霜進行表層塗抹。用白色和以紅色食用色素調色的巧克力糖膏做出耳朵。用甘那許畫出眼睛和嘴巴，用以紅色食用色素調色的奶油糖霜畫上兩頰的腮紅和鼻子。

小狗

用白色的鮮奶油霜進行表層塗抹。用圓形花嘴在牛奶巧克力糖膏上壓出形狀，稍微拉長做成耳朵。用圓形花嘴將7分發鮮奶油霜，從下方斜斜往上擠成圓形貝殼狀（p.15），做出鼻子部分。用甘那許畫出眼睛和鼻尖，用以紅色食用色素調色的奶油糖霜畫上兩頰的腮紅。

用巧克力糖膏緞帶 & 鮮奶油霜擠花裝飾

緞帶裝飾蛋糕

用巧克力糖膏製作大大蝴蝶結的可愛裝飾蛋糕。底座是草莓鮮奶油蛋糕再擠上玫瑰花狀的擠花裝飾。蝴蝶結是分成幾個部分製作，所以意外地一點也不難。

材料（直徑12cm的圓形模具1個份）

傑諾瓦士蛋糕（p.88）…直徑12cm的1個

基本的鮮奶油霜（p.89）…700g

巧克力糖膏（白色）…300g

奶油糖霜（p.16）、草莓、覆盆子、藍莓、糖粉、果膠、糖漿（p.23）…各適量

食用色素（紅色）…少許

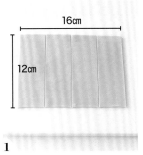

1
用巧克力糖膏製作蝴蝶結。將白色的巧克力糖膏以紅色的食用色素調色，擀成2mm厚。切成4等分，做成4片長方形備用。

2
從**1**中取出2片，對折。

3
將**2**的連結處做出皺褶，折起來的部分做出圓弧狀。

4
將**1**剩下的長方形其中一側做出皺褶。

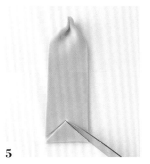

5
將**4**的另一側如圖所示地裁剪。

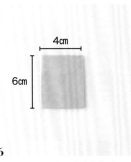

6
裁剪下來的巧克力糖膏揉捏在一起後擀開，做出一個較短的長方形。

7
兩端做出皺褶後做成圓筒狀，製作成蝴蝶結中心打結的部分。

8
完成蝴蝶結的組件。

9
用擠花紙筒在**7**的中心裡擠入奶油糖霜。

＊用奶油糖霜黏合組件。

10
將**3**放入**9**的洞中，組合成蝴蝶節的上半部。

11
最後裝飾。製作草莓鮮奶油蛋糕，用鮮奶油霜抹面到打底完成的階段（p.19）。用花瓣花嘴擠出玫瑰花狀（p.15）。

12
放上裹上果膠或糖粉的草莓、覆盆子、藍莓裝飾。將**8**的下半部放到蛋糕上裝飾，再以水果為基底放上**10**裝飾。

用淋面巧克力 & 調溫巧克力裝飾

巧克力蛋糕

以充滿光澤感的淋面巧克力裝飾的美麗巧克力蛋糕。用調溫巧克力製作的裝飾品呈現出立體感。底座巧克力傑諾瓦士蛋糕所包夾的內餡是覆盆子甘那許。

材料（直徑12cm的圓形模具1個份）

巧克力傑諾瓦士蛋糕（p.92）…直徑12cm的1個

巧克力（甜巧克力、白巧克力）…各適量

覆盆子甘那許（p.36）…200g

甘那許（p.36）…300g

淋面巧克力（p.37）…400g

1

製作巧克力裝飾。 在較厚的透明塑膠片上薄薄抹開調溫（p.39）過的巧克力。

＊在透明的塑膠片上會比較好操作。

2

將**1**壓出心形。

＊在巧克力快要凝固的時候用模具按壓，就能做得很漂亮。

3

再次重複**1**的步驟，在巧克力凝固前用鋸齒狀刮板做出條狀花紋。

4

將**3**扭轉後用有磁鐵的夾子固定兩端，貼在淺盤上，放置凝固備用。

5

巧克力裝飾完成。

＊如果有白巧克力的話也製作相同的裝飾。

6

組裝蛋糕。 將傑諾瓦士蛋糕切成一半，抹上覆盆子甘那許。

7

疊上剩下的另一片蛋糕。

8

塗抹甘那許。 先用甘那許進行初胚作業和打底。

9

完成甘那許塗抹。先放進冰箱冷藏一陣子。

＊為了在淋上淋面巧克力時能做得漂亮，盡可能地抹平表面。

10

最後裝飾。 在**9**淋上降溫到接近人體肌膚溫度的淋面巧克力。

＊首先繞著邊緣淋上，接著淋中央，最後淋沒有覆蓋到的地方。

11

因為頂部應該會比較厚，所以要用抹刀抹平，側面也抹到差不多的厚薄度。

＊放在蛋糕冷卻架上讓表面凝固的話，外觀會有網架的壓痕，所以請在凝固前移動到盤子裡。

12

用**5**裝飾。

描繪文字

在此介紹想傳達祝福與感謝心意時，可以派上用場的文字寫法。
文字可以寫在巧克力板或蛋糕上，直接描繪在盤子上也很棒。

1

在擠花紙筒中填入奶油糖霜等，剪掉前端，用和拿鉛筆相同的方式，一邊輕輕地擠一邊寫出文字。

＊照片中是在巧克力留言板（p.38）上用甘那許（p.36）描寫文字。

2

持續書寫。

＊如果紙筒變得較難擠出的話，將上方折起來讓填入的奶油糖霜等聚集到尖端。

完成巧克力留言板。

如果想不費工地寫出文字時，可以使用巧克力筆（市售品），在超市等處都可以買到。不過會比較不適合用於描繪較細的文字和細緻的線條。

擠花紙筒的做法

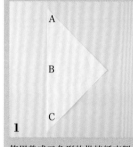

1

使用裁成三角形的烘焙紙來製作。

2

以B為軸心，將A捲成圓錐狀。

3

將C往**2**的方向捲過去。

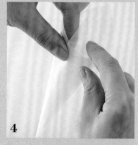

4

捲好後，將超出邊緣C以上的部分往內側折。

＊這時先調整前端捲得稍微細一點。

5

擠花紙筒完成。

6

在擠花紙筒中填入奶油糖霜。

＊填入鮮奶油霜、奶油糖霜、甘那許、融化的巧克力或糖霜等。

7

將上面的部分折起來做成蓋子。

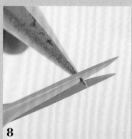

8

用剪刀將前端剪開。

Part 3

水果的裝飾技法

水果也是常被當作甜點裝飾的主角，本章將介紹它們的各種
使用方法。色彩豐富的水果是華麗設計不可或缺的要素，不
論是只使用一種或是多種水果一起裝飾，都能做出漂亮的成
品。

水 果 的 基 礎 技 法

在此介紹使用色彩繽紛的水果將甜點妝點得華麗的各種技法。

專業的去皮方法或可愛人偶的製作法等，只要熟練了就能讓甜點裝飾的變化更廣泛。

草莓裝飾的作法　將草莓上下顛倒，製作成帶著蒂頭的人偶也很可愛。

草莓人偶

1
將草莓切成一半。

2
下半部用圓形花嘴擠上鮮奶油霜，再將上半部蓋上去。

3
將融化的巧克力填入擠花紙筒，畫出臉部。
＊用甘那許（p.36）或巧克力筆都OK。

柳橙裝飾的切法　將柑橘類果肉一瓣一瓣取出，在法文中稱為「quartier」。

柳橙果肉的取出法

1
將柳橙的頂部和底部切除。

2
用小刀削除果皮，白色薄膜也確實削除。
＊以不留下白膜的方式厚厚地削掉一層。請選用好削的刀子。

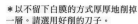

3
在瓣膜處橫向入刀，取出一瓣果肉。重複此步驟。

奇異果裝飾的切法　切奇異果的重點是要保持輪廓的平整。要學會不會讓表面凹凸不平的削皮法。

奇異果的半圓片切法

1
將奇異果連皮一起切成圓片狀，然後對切成一半。

2
將小刀橫放切入皮和果肉之間。

3
直接轉動奇異果的果肉部分，用刀子快速劃開。

水蜜桃的去皮法

直接用刀子削皮就會變得凹凸不平的水蜜桃，只要先過一下熱水就能漂亮地將皮剝除。

水蜜桃的汆燙去皮

1
用小刀在水蜜桃的皮上劃出十字刀痕。

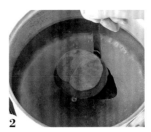

2
放入沸騰的熱水中汆燙約10秒後取出，馬上放入冷水裡。

＊在熱水中汆燙的時間長短，要依水蜜桃的熟度不同而調整。

3
用小刀從1劃切開的部分，將皮以拉起的方式一口氣剝除。

芒果裝飾的切法

因為位於芒果中央的籽又大又扁平，所以如何和果肉漂亮地切分開是重點。

芒果的切片＆切塊

1
用刀子從芒果籽的上方和下方劃入，將芒果切分成3片。將中心部分（籽的那片）周圍的果肉切成塊狀。

2
將上下兩片芒果直接放在砧板上，用刀子橫向剝除芒果的皮。

＊熟成的芒果若用手拿著剝皮，很容易被壓得爛爛的，所以直接放在砧板上操作。

3
切成厚度均等的片狀。

葡萄的剝皮法

葡萄的皮不要用手剝，用小刀來剝的話可以漂亮地維持圓球狀。

剝除葡萄皮

1
將葡萄皮劃出十字的刀痕。

2
用小刀從1劃切開的部分，將皮以拉起的方式剝除。

3
一口氣剝掉皮。

讓水果看起來更美觀的果膠

「果膠」是指披覆在水果表面的膠狀物。塗抹在水果上能做出光澤感，看起來更加漂亮。因為是將水果加以披覆，所以也具有預防水果乾燥或變色的效果。市面上也有販售可以直接使用的產品。

用水果片 & 鮮奶油霜抹面裝飾

水果方形蛋糕

自由地運用色彩繽紛的水果，是非常適合派對的華麗方形
蛋糕。將水果的切面呈現出來是重點。用鮮奶油霜塗抹到
方形蛋糕的四個邊角稜角分明，就能做出漂亮的蛋糕。

材料（20cm的方形蛋糕模具1個份）

傑諾瓦士蛋糕（p.88）…20cm的方形1個

基本的鮮奶油霜（p.89）…800g

草莓、果膠、糖漿（p.23）、喜歡的水果（這裡是使用奇異果、葡萄柚、柳橙、檸檬、萊姆、藍莓、覆盆子）…各適量

1

製作草莓鮮奶油蛋糕（p.19）。**塗抹鮮奶油霜**。首先進行初胚作業。用8分發的鮮奶油霜依側面、頂部的順序塗抹。

2

接著打底。這個步驟用8分發鮮奶油霜依頂部、側面的順序塗抹。

＊在以鮮奶油霜塗抹方形蛋糕時，要確實地將邊角抹得稜角分明。

3

最後完成表層塗抹。用6分發鮮奶油霜以和打底一樣的方式，依頂部、側面的順序塗抹。

4

將水果切成薄片。將奇異果去皮後切成圓片狀。

5

葡萄柚則是連皮一起切成圓片。

6

葡萄柚和柳橙取1～2片，用剪刀剪掉邊緣的皮。

＊只要隨意放上去皮的水果，就能為設計感畫龍點睛。

7

將水果塗上果膠。

＊也可以裝飾到蛋糕上之後再塗抹，但在裝飾前先塗抹的方式，比較能漂亮地塗抹均勻。

8

最後裝飾。放上葡萄柚裝飾。

＊先從最大片的水果開始裝飾，比較容易取得平衡。

9

放上柳橙裝飾。

10

放上檸檬、萊姆裝飾。

11

放上奇異果裝飾。

12

放上草莓、藍莓、覆盆子裝飾。

＊最後用較小的水果以填補空隙的方式裝飾。

用切塊水果 & 果膠裝飾

草莓派

是一道以鮮紅外觀讓人食慾大增的甜點。在千層派皮上
抹上卡士達奶油醬，再用草莓將頂部表面全部填滿。隨
意地放上開心果和覆盆子，為整體裝飾畫龍點睛。

材料（直徑20cm的圓形模具1個份）

千層派皮（p.93）…直徑20cm的1個
卡士達奶油醬（p.90）…120g
草莓、覆盆子、開心果、果膠、糖粉…各適量

1
將草莓對切成一半。

2
裝飾。用圓形花嘴在千層派皮中擠入卡士達奶油醬。
＊卡士達奶油醬先用橡皮刮刀攪拌到柔軟滑順後，再填入擠花袋中。

3
放上草莓裝飾。先在中心位置以立起來的方式放上3片。

4
從中心開始一排一排地放上草莓。

5
盡量不要有空隙，以放射狀排列。

6
塗上果膠。

7
在派皮的邊緣撒上糖粉。
＊完成裝飾時撒上的糖粉請使用防潮糖粉。

8
在覆盆子上撒上糖粉。

9
放上覆盆子裝飾。

10
隨意地放上切成一半的開心果加以裝飾。

也可以使用冷凍派皮

用派皮代替千層派皮來製作也很美味。想輕鬆製作的話，也可以用市售的冷凍派皮。不論是鋪入模具中烘烤，或是直接運用原本的四方形烘烤，成品的不同風貌變化也很有趣。

用水果切片 & 果膠裝飾

2種水果塔

在此介紹2種將水果以如花瓣一般的方式加以裝飾
的水果塔。裝飾完成時塗上果膠,營造出光澤感。
只使用一種水果的話,看起來會很高雅;要是使用
多種水果,則能營造出華麗感。

芒果塔

材料
（直徑15cm的塔模1個份）

塔皮（p.92）… 1個
芒果 … 1個
基本的鮮奶油霜（p.89）… 120g
果膠 … 適量

1
在塔皮上抹上一層8分發的鮮奶
油霜。

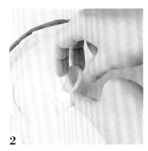

2
裝飾。將芒果切成薄片（p.55）。
將較大片的捲起來放在中心位置
裝飾。
＊使用熟度剛好的芒果。

3
以像是要將**2**包起來的方式，從
較小片的芒果片開始放上裝飾。

4
以愈來愈大片、片數愈來愈多的
方式裝飾上芒果片。
＊裝飾芒果時，以將一邊放入內
側、另一邊露出在外側的方式放
上。

5
往外圍放上剩下的芒果加以裝
飾。
＊愈往外圍，擺放的角度要愈往下
倒。

6
塗上果膠。

白葡萄塔

材料
（直徑15cm的塔模1個份）

塔皮（p.92）… 1個
基本的鮮奶油霜（p.89）… 120g
白葡萄、黑莓、薄荷、果膠、糖粉
… 各適量

1
在塔皮上抹上一層8分發的鮮奶
油霜。

2
裝飾。將白葡萄從中心位置開始
放上裝飾。
＊這裡使用的白葡萄是可以連皮一
起吃的品種。如果使用果皮不能吃
的品種，請先去皮（p.55）後再使
用。

3
盡量不要留下空隙，緊密地排
列。

4
塗抹果膠。

5
將黑莓撒上糖粉。

6
放上**5**的黑莓和薄荷加以裝飾。

用水果容器 & 透明果凍裝飾

鳳梨的熱帶水果盒

將挖除果肉的鳳梨當作容器的話，就能做出讓人開心的水果盒。
透明的果凍呈現出清涼感。有的話最後可以放上充滿熱帶風情的
可食用蘭花，讓南方國度的氛圍瞬間瀰漫。

材料（鳳梨1個份）

鳳梨…1個

卡士達奶油醬（p.90）…100g

傑諾瓦士蛋糕（p.88）、檸檬果凍（p.93）、芒果、覆盆子、藍莓、黑莓、
食用花（有的話使用蘭花）、果膠…各適量

1

製作鳳梨容器。將鳳梨的上面部分切除。

2

先切下裝飾用的1.5cm厚圓片備用。

3

如果鳳梨立起來時不是很穩的話，將底部稍微切除。

4

用刀子沿著邊緣劃一圈，中間果肉以十字形切入。

5

用湯匙沿著劃入的刀痕挖除果肉。

＊果芯較硬的話就用小刀挖出。

6

用湯匙刮除果肉到自己喜好的程度。

＊如果挖除到幾乎不剩什麼果肉，就可以填入較多的配料。

7

裝飾。將傑諾瓦士蛋糕剝成小塊狀放入。

＊傑諾瓦士蛋糕可以使用別道甜點切下來的邊角部分。

8

用圓形花嘴擠入卡士達奶油醬。

9

將**2**切成容易食用的大小，切除芯部。

10

放上鳳梨片、芒果、檸檬果凍裝飾。

＊將檸檬果凍切成2cm的塊狀。

11

將水果塗上果膠。

12

放上藍莓、黑莓、覆盆子、食用花裝飾。

＊藍莓、黑莓、覆盆子先塗上果膠後再放上裝飾。

關於甜點裝飾的 Q & A　02

為了讓大家能更熟練地做出不失敗的甜點裝飾，在此回答一些可事先防範的煩惱和疑問。
在此要來解說關於所有蛋糕都會使用到技巧。

Q 讓甜點裝飾展現出美感的訣竅是？

A 除了呈現出立體感，也可以試試左右不對稱的裝飾法。

只要在裝飾方式上再多花一點功夫，蛋糕就會瞬間呈現出洗練的氛圍。舉例來說，放在頂部裝飾的草莓不是只以平面排放，而是在中央疊出立體感，就能營造出華麗氛圍。此外，也很建議利用有蒂頭和沒蒂頭的草莓、切成一半的草莓等，以各種不同樣貌的設計呈現不同的氛圍。如果經常是以左右對稱的方式加以裝飾，那麼也可以去除中央的部分，用不對稱裝飾的技巧來進行裝飾。這麼一來，就可以做出如高手般的甜點裝飾。

用帶有蒂頭的草莓加以裝飾，看起來會很可愛。

以翩翩飛起的氛圍，在蛋糕邊緣也放上蝴蝶加以裝飾。

刀子加熱後再使用。　每切一刀都要把髒掉的地方擦乾淨。

Q 沒辦法將蛋糕漂亮地切片。

A 將刀子加熱過後再切。還有，每切完一刀都要擦掉刀子上沾覆的髒污。

要切蛋糕時，請在剛從冰箱取出、整體都還比較緊實的狀態下切分。蛋糕上有很多水果或裝飾的話，先暫時將裝飾等取下會比較好切。將刀子放入熱水或用瓦斯爐的火稍微加熱，也是漂亮切分蛋糕的祕訣。不要讓奶油等沾黏、快速俐落地切下。刀子每切一刀後都要用濕布等擦拭，讓刀子保持在乾淨的狀態。

Q 巧克力太難操作了……。

A 留意水分和溫度的控制。盡量使用製作甜點專用的巧克力。

在操作巧克力時，希望大家能更留意水分。在隔水加熱等時候，只要不小心讓1滴水分滴到巧克力裡，導致巧克力的油脂分離、調溫失敗等可能性都很高。而在進行調溫步驟時，還要特別留意溫度控制。此外，使用製作甜點專用的巧克力，也是不失敗的重點。市售的片狀巧克力在加工後很容易呈現白霜狀態（p.12），所以不太適合用來製作甜點。

水分是巧克力最大的敵人。

使用片狀巧克力很容易呈現白霜狀態。

Part 4
糖的裝飾技法

在此介紹能將餅乾、馬卡龍、蛋糕做出可愛裝飾的糖類裝飾技法。因為糖霜很好上色，所以請試著用各種不同顏色自由地描繪看看。如此一來，很快就能做出個人專屬的原創設計。

糖 的 基 礎 技 法

在此介紹使用糖類裝飾的基礎技法。特別選出在餅乾等上頭
描繪的糖霜和裝飾蛋糕時能派上用場的糖蕾絲技法。

糖霜的作法
只用蛋白和糖粉。也有只要加水調開就可以使用的糖霜粉（市售品）。

材料（容易製作的分量）

蛋白 … 24g
糖粉 … 140g

1
在調理盆中加入蛋白和糖粉。

2
用橡皮刮刀將整體混拌。

3
以繞圈攪拌的方式攪拌到糖粉融進
蛋白裡。

4
整體融合後改用手持式電動攪拌
器。

5
用手持式電動攪拌器以低速攪打約
10～15分鐘。
＊因為操作時邊緣的部分會變硬，所
以最好不時地用橡皮刮刀刮到中間。

6
攪拌到提起攪拌頭時不會滴落、可
拉出挺立尖角的程度就完成了。

糖霜的各種處理
介紹調色和保存的方式。糖霜如果變乾會很難操作，所以要留意避免變乾的措施。

調色

1
將用水調開的食用色素一點一點
慢慢加入混合。
＊如果是凝膠狀的食用色素可以直
接加入。

2
用橡皮刮刀混拌。

保存

1
為了讓糖霜和保鮮膜緊密貼合，
將保鮮膜下壓蓋上。

2
蓋上濕布。

塗裝糖霜的方法 在此分別介紹塗滿底色和描繪花紋的作法。個別調整糖霜的硬度是重點。

塗滿底色

1 在糖霜中加入糖漿（p.23），調整成較黏稠的膏狀。

2 將糖霜填入擠花紙筒中，先描繪餅乾外緣，再從外側開始往內塗滿。

3 用擠花紙筒輕敲連接處，在填滿的同時也讓中間膨起。

完成塗裝。直接靜置到自然乾燥。

描繪花紋

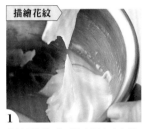

1 將糖霜製作成可拉出挺立尖角的狀態。如果太稀的話就加入糖粉調整。

2 將糖霜填入擠花紙筒中，以等間隔的方式擠上小圓點。

3 等底色糖霜乾燥後再畫上圖案會比較立體，要是乾燥前就描繪圖案的話，完成後花紋會和底色糖霜融在一起。

製作完成。直接靜置到自然乾燥。

糖蕾絲的作法 在此介紹糖類裝飾中很受歡迎的糖蕾絲。使用專用的混合粉類。

1 使用專用的混合糖粉和水混合，製作成膏狀。

2 在製作糖蕾絲專用的模型上將1塗抹開。
＊如果沒有將模型的各個角落都抹滿，蕾絲圖案就會有缺角。

3 用刮板刮過，去除多餘的部分。
＊如果太用力的話糖霜完成後會變薄且容易破。

4 將烤箱預熱至160℃，放入前先關掉開關。將3放入烤箱中，以預熱好的狀態放置乾燥。

5 放置約10～15分鐘後觀察狀態後取出，從模型上取下。
＊大約放到可以從模型上整片取下的狀態。

6 將從模型上取下的糖蕾絲用OPP包裝紙覆蓋，防止乾燥。
＊如果沒有OPP包裝紙，可以用保鮮膜覆蓋。

沒烤好的話

如果沒有確實乾燥的話，會無法順利地從模具上剝取下來，也可能剝到一半就破掉。反之，如果烤過頭的話也會裂開。

專用的混合糖粉

要使用糖蕾絲來製作蛋糕裝飾的話，請使用專用的混合糖粉，只要加水混合就能做成膏狀。如果用糖膏製作蕾絲裝飾的話成品會太硬，因此不適合貼附在蛋糕上面。

用糖霜裝飾

4種心形糖霜餅乾

就算是相同形狀的餅乾，只要用糖霜裝飾的話，就
能做出各種不同的設計。塗上底色時塗成帶有厚度
膨起的樣子是重點。乾燥後再畫上花紋。

材料（約6片份）

糖霜餅乾麵團（p.93）…200g

糖霜（p.66）…適量

食用色素（紅色、藍色、黃色）…各少許

 製作餅乾

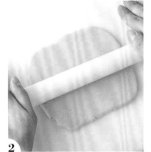

1

將放到冰箱冷藏過的餅乾麵團，用手輕輕地揉捏到變軟。

2

擀成5mm厚。

3

用心形模具壓出形狀。

＊如果餅乾的麵團變得太軟的話，放進冰箱冷藏一下再取出會比較好操作。

4

排放在鋪有烘焙紙的烤盤上，以預熱至160℃的烤箱烘烤約15分鐘。

水藍色

用加入藍色食用色素調成水藍色的糖霜填滿底部。底部乾燥後在餅乾的邊緣用白色糖霜描繪小圓點。

紅色

用加入紅色食用色素調色的糖霜填滿底部。底部乾燥後在餅乾的邊緣用白色糖霜描繪一圈。

＊加入大量的食用色素，製作出鮮紅色的糖霜。

白色

用白色糖霜填滿底部。底部乾燥後在餅乾的右上方，用加入紅色食用色素調成粉紅色的糖霜描繪蝴蝶結。

粉紅色

用加入紅色食用色素調成粉紅色的糖霜填滿底部。底部乾燥後在餅乾的右上方，用白色糖霜描繪花朵，再用加入黃色食用色素調色的糖霜描繪花芯。

用糖霜裝飾

2種Baby造型糖霜餅乾

用水藍色和粉紅色等2種顏色的糖霜,將餅乾裝飾成嬰兒的圍兜與襪子造型,是很適合祝賀寶寶誕生的設計。襪子形狀的餅乾若是沒有模具的話,可以用牛奶盒裁剪成紙型代替模具來製作。

材料（約4片份）

糖霜餅乾麵團（p.93）…200g

糖霜（p.66）…適量

食用色素（紅色、藍色）…各少許

圍兜

1
用手將餅乾麵團輕輕地揉捏到變軟，擀成5mm厚。用菊花造型模具壓出形狀。

2
用圓形花嘴在麵團的上方位置壓出一個洞。排放在鋪有烘焙紙的烤盤上，以預熱至160℃的烤箱烘烤約15分鐘。

3
用白色糖霜填滿底部。底部乾燥後在餅乾的上方位置，用加入紅色食用色素調成粉紅色的糖霜描繪上蝴蝶結。

4
在餅乾的下方位置描繪上波浪狀與小圓點。
＊用加入藍色食用色素調成水藍色的糖霜，以相同作法做出不同顏色的餅乾。

材料（約8片份）

糖霜餅乾麵團（p.93）…200g

糖霜（p.66）…適量

食用色素（紅色、藍色、黃色）…各少許

襪子

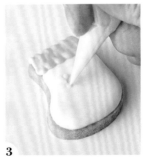

1
用手將餅乾麵團輕輕地揉捏到變軟，擀成5mm厚。用襪子造型模具壓出形狀後，排放在鋪有烘焙紙的烤盤上，以預熱至160℃的烤箱烘烤約15分鐘。

2
用白色糖霜填滿底部。底部乾燥後在餅乾的上方位置，用加入紅色食用色素調成粉紅色的糖霜描繪上襪子的花紋。

3
在餅乾的中央位置用加入黃色食用色素調色的糖霜描繪花瓣。

4
用粉紅色糖霜描繪花芯。
＊用加入藍色食用色素調成水藍色的糖霜，以相同作法做出不同顏色的餅乾。

用糖霜和巧克力糖膏小花裝飾

小巧婚禮餅乾

將不同大小的圓形餅乾疊成4層，用糖霜加以黏接，做成婚
禮蛋糕般的造型。再以糖霜將用巧克力糖膏製作的小花、糖
珠、堅果等黏上去，就能營造出可愛的氛圍。

材料（2個份）

米粉餅乾（p.94）…直徑4cm、3cm、2.5cm、1.5cm的圓形各2片
巧克力糖膏（白色）、糖霜（p.66）、糖珠、冷凍乾燥草莓、開心果…各適量
食用色素（紅色、黃色）…各少許

1

用巧克力糖膏製作小花。用手將巧克力糖膏揉捏到變軟，擀成2mm厚。用花朵造型的模具壓出花朵形狀。

＊將白色巧克力糖膏用紅色食用色素調成粉紅色後使用。

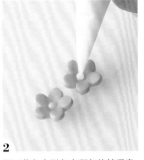

2

用以黃色食用色素調色的糖霜畫上花芯。

3

組裝。在最大片的餅乾中央擠上糖霜。

4

在上面放上第二大片的餅乾。

＊用糖霜當作黏著劑。

5

以相同方式疊出4層。

6

在餅乾交疊處擠上一圈糖霜。

7

最上面也擠上糖霜。

8

在糖霜還沒乾燥前放上**2**裝飾。

9

以相同方式用糖霜將**2**隨意地黏上加以裝飾。

10

隨意地黏上糖珠加以裝飾。

＊以相同的步驟，將糖珠換成冷凍乾燥草莓或開心果，做出不同顏色的餅乾。

在包裝多下一道功夫

如果要包裝成禮物送人的話，為了避免裝飾損壞要多下一道功夫。如果是這款小巧婚禮餅乾，可以試著先在盒子底部擠上糖霜，然後再將餅乾放入。只要將餅乾固定好，就算帶著走也不用擔心。

用糖霜 & 巧克力裝飾

4種動物造型馬卡龍

色彩繽紛的馬卡龍再用糖霜畫上臉，就會變得超級可愛！讓人不禁展現出笑容。不論是自己手作的馬卡龍，或是市售的現成品，都只要多加一道手續，就能讓甜點呈現的氛圍截然不同。

小狗

材料（1個份）

咖啡色馬卡龍（p.94）…1個
糖霜（p.66）…適量
可可粉、竹炭粉…各少許

1
用加入可可粉調色的糖霜描繪出耳朵。

2
用加入竹炭粉調色的糖霜描繪出眼睛和鼻子。

小豬

材料（1個份）

粉紅色馬卡龍（p.94）…1個
糖霜（p.66）…適量
食用色素（紅色）、竹炭粉
…各少許

1
用加入紅色食用色素調成粉紅色的糖霜描繪出耳朵和鼻子。

2
用加入竹炭粉調色的糖霜描繪出眼睛。

獅子

材料（1個份）

黃色馬卡龍（p.94）…1個
糖霜（p.66）…適量
可可粉、竹炭粉…各少許

1
將加入可可粉調色的糖霜填入裝了星形花嘴的擠花紙筒中，描繪擠出獅子的鬃毛。

2
用加入竹炭粉調色的糖霜描繪出眼睛和鼻子。

鸚鵡

材料（1個份）

綠色馬卡龍（p.94）…1個
糖霜（p.66）…適量
食用色素（綠色、黃色、紅色）、竹炭粉…各少許

將加入食用色素調成綠色的糖霜，填入裝上單側鋸齒狀花嘴的擠花紙筒中，描繪擠出鸚鵡頭部。

＊「單側鋸齒狀花嘴」是只有單邊為鋸齒狀的擠花嘴。

2
用加入竹炭粉調色的糖霜描繪出眼睛，用加入食用色素調成黃色的糖霜描繪出嘴巴，再用加入紅色、黃色調成橘色的糖霜描繪出臉頰。

SUGAR

75

用糖蕾絲 & 鮮奶油霜抹面裝飾

白色糖蕾絲蛋糕

在用鮮奶油霜抹面裝飾的蛋糕上，加上糖蕾絲的裝飾品，
是一款樸素且很有氣質的蛋糕。在糖蕾絲專用的矽膠模型
中塗滿膏狀的糖霜，放置乾燥後做成糖蕾絲。

材料（直徑約12cm的圓形模具1個份）

傑諾瓦士蛋糕（p.88）…直徑12cm的1個

基本的鮮奶油霜（p.89）…400g

草莓、糖漿（p.23）、糖蕾絲、巧克力糖膏（白色）、奶油糖霜（p.16）…各適量

1

製作糖蕾絲。將專用的混合糖粉和水混合，製作成膏狀。抹在裝飾用的蝴蝶蕾絲模型上。

2

在頂部裝飾用的花朵蕾絲模型上將**1**塗抹開。

3

在側面裝飾用的花朵蕾絲模型上將**1**塗抹開。

4

將烤箱預熱至160℃，放入前先關掉開關。將**1~3**放入烤箱中，以預熱好的狀態放置10~15分鐘使糖蕾絲乾燥。

5

製作蝴蝶造型的裝飾。將巧克力糖膏擀成2mm厚，切出比糖蕾絲蝴蝶更小一圈的巧克力糖膏蝴蝶。

6

將**4**的蝴蝶內側塗上糖漿後貼在**5**上面，放到折出角度的厚紙上，在完全變硬之前都維持這樣的狀態放著。

7

製作草莓鮮奶油蛋糕，將鮮奶油霜抹面到完成表層塗抹的狀態（p.19）。**最後裝飾**，在側面貼上**4**的糖蕾絲。

8

將側面超出頂部邊緣的部分就往頂部折。

9

在頂部放上**4**的花加以裝飾。
＊花朵之間重疊也OK。

10

用擠花紙筒在3處擠上奶油糖霜，放上**6**加以裝飾。
＊用奶油糖霜當作黏著劑。

關於蕾絲的模型

糖蕾絲是使用專用的矽膠模型來製作的。有「矽膠模型」、「蕾絲模型」等名稱，可以在網路商店購買到。因為有各式各樣的圖形設計，所以能選擇自己喜歡的使用。

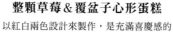

整顆草莓＆覆盆子心形蛋糕

以紅白兩色設計來製作，是充滿喜慶感的
人氣婚禮蛋糕。水果上不撒糖粉，而是塗
上果膠做出光澤感。還利用擠花鮮奶油霜
來增添幾分高貴感。

童話氛圍裝飾蛋糕

光看就能感受到滿滿幸福感的婚禮蛋糕。
側面的粉紅色和黃色花瓣，是用抹刀沾上
調色的鮮奶油霜描繪表現。

小小的婚禮

以奶油糖霜玫瑰花與糖珠組合製作出高雅
的裝飾蛋糕。側面是用抹刀的前端貼在蛋
糕上，一邊轉動蛋糕轉台一邊做出花紋。

Anniversary的
甜點裝飾作品

Anniversary會隨著季節變換，
將各種不同設計的甜點呈現給大家。
在此將介紹一小部分
可以當作裝飾參考的範例。

優雅的童話風裝飾蛋糕

以白色的鮮奶油霜為基底，以白色的花朵裝
飾，是可愛卻又充滿高雅設計感的蛋糕。5
瓣花朵是用玫瑰花狀的擠花嘴將奶油糖霜擠
成各種不同的大小製作而成的。

典雅的設計

這款以粉彩色系花朵裝飾出華麗感的
婚禮蛋糕，是用翻糖製作而成的。從
覆蓋蛋糕的白色翻糖到繁盛的花朵及
葉子，全部都是用砂糖製作的。閃耀
著細緻的職人手藝光芒，是相當具有
人氣的蛋糕。

童話糖霜餅乾

運用糖霜餅乾的作法加以製作。用擠花紙筒
描繪的細緻線條，將所有細節確實地描繪出
來。塗得膨膨的糖霜讓餅乾呈現出立體感。

禮物盒

以禮物盒為概念製作而成的婚禮蛋
糕。主角是新鮮的玫瑰花。在上方
堆疊出分量感，營造出華麗氛圍。
藍色的緞帶是用糖膏製作的。

COLUMN

78

Part 5

應用的裝飾技法

本章將介紹 Part 1～Part 4 裡沒介紹到的裝飾技法。最後部分則會介紹集 Anniversary 技法之大成的婚禮蛋糕，雖然乍看之下會覺得很複雜困難，但只要一個步驟一個步驟仔細做，就一定可以做到。本章內容可說是所有甜點裝飾技法的總結彙整。

用果乾 & 香草植物裝飾

聖誕節的花圈蛋糕

用無底的圓形慕斯模將抹茶傑諾瓦士蛋糕壓出圓環狀，用果乾和香草植物做美麗裝飾，是一款具有不同風情的聖誕蛋糕。將鮮奶油霜抹成凹凸不平的樣子，會比平整的抹面更加簡單。

材料（直徑18cm的圓環狀蛋糕1個份）

抹茶傑諾瓦士蛋糕（p.95）…40×20cm的1個

基本的鮮奶油霜（p.89）…600g

抹茶液…60g

草莓、果乾（杏桃、蔓越莓、無花果）、細葉香芹、細砂糖…各適量

1

製作抹茶液。將牛奶煮沸後分成2次加入抹茶粉中。

＊18g的抹茶粉要使用120g的牛奶。

2

每次加入後都要攪拌均勻，用茶篩網過濾後抹茶液就完成了。

3

製作抹茶鮮奶油霜。在打發的鮮奶油霜中加入放涼的**2**攪拌。

＊加入的抹茶液分量為鮮奶油分量的10%。

4

製作環狀蛋糕。用2種不同大小的圓形慕斯模，將傑諾瓦士蛋糕壓成環狀。要準備2片。

5

用圓形花嘴在**4**上擠上8分發的**3**，排放上切片草莓，再擠上**3**。接著再重疊放上1片**4**。

6

塗抹抹茶鮮奶油霜。首先進行初胚作業。用8分發的**3**依側面、內側、頂部的順序塗抹。

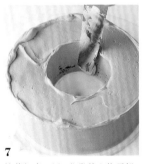

7

接著打底。用8分發的**3**依頂部、側面、內側的順序塗抹。

8

最後完成表層塗抹。用6分發的**3**以和打底一樣的方式，依頂部、側面、內側的順序塗抹。

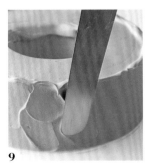

9

用抹刀的前端貼著側面，做出凹凸不平的花紋。

＊一邊將鮮奶油霜較薄的地方補足一邊抹面。

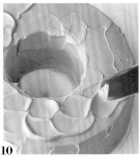

10

以和**9**一樣的方式，依內側和頂部的順序做出花紋。

11

將果乾對切成一半，裹上細砂糖。

12

放上**11**裝飾，再於整體放上細葉香芹裝飾。

81

Level ★★☆

用鮮花 & 鮮奶油霜擠花裝飾

玫瑰方形蛋糕

只要用無農藥的食用花裝飾蛋糕,瞬間就能呈現華麗的氛圍。
將鮮奶油霜用刮板做出花紋,再擠出唐草圖樣加以裝飾。是一
款很受歡迎的婚禮蛋糕。

材料（30×20cm的長方形模具1個份）

傑諾瓦士蛋糕（p.88）…30×20cm的1個
基本的鮮奶油霜（p.89）…1200g
草莓、奇異果、萊姆、覆盆子、黑莓、鮮花（玫瑰）、新鮮葉子（長春藤）、
糖粉、果膠、糖漿（p.23）…各適量

1
製作草莓鮮奶油蛋糕（p.19）。
塗抹鮮奶油霜。首先進行初胚
作業。將8分發的鮮奶油霜依側
面、頂部的順序塗抹。

2
接著打底。再次將8分發的鮮奶
油霜依照頂部、側面的順序塗
抹。

＊如果是方形的蛋糕，要確實地將
邊角抹得稜角分明。

3
最後完成表層塗抹。用6分發鮮
奶油霜以和打底一樣的方式，依
頂部、側面的順序塗抹。

4
頂部用刮板如畫出波浪般地做出
花紋。

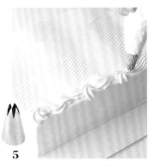

5
擠鮮奶油霜。用星形花嘴將
7分發鮮奶油霜在頂部邊緣
擠出勾狀，再擠出2個貝殼狀
（p.15）。重複這個步驟將頂部
四周擠滿一圈。

6
底部邊緣也以和**5**相同的方式製
作。

7
最後裝飾。放上草莓、奇異果
片、萊姆加以裝飾。

＊水果要先塗上果膠後再進行裝
飾。

8
去除玫瑰花的花萼，將莖剪短。

9
將**8**裝飾上去。

10
放上撒了糖粉的覆盆子、黑莓加
以裝飾，再放上長春藤葉子裝
飾。

＊將常春藤葉片放在玫瑰花附近裝
飾，就能呈現出自然感。

關於鮮花

放在蛋糕上裝飾的鮮花或葉片，
請選擇沒有噴灑農藥的產品。雖
然這款蛋糕的花朵和葉片是以不
食用為前提來裝飾，不過因為也
有販售可食用的玫瑰花，所以如
果要食用的話也可以選擇該種
類。

用奶油霜擠花 & 調溫巧克力裝飾

蒙布朗蛋糕

穩重又高貴的蒙布朗蛋糕，蒙布朗奶油霜的滑順程度會影響擠花的順暢度。用調溫好的巧克力做出柊葉呈現立體感，是一款讓人在秋季會很想品嘗的蛋糕。

材料（直徑15cm的圓形模具1個份）

巧克力傑諾瓦士蛋糕（p.92）…直徑15cm的1個

蒙布朗奶油霜（p.95）…700g

基本的鮮奶油霜（p.89）…120g

卡士達奶油醬（p.90）…120g

栗子澀皮煮（市售品）、柊葉裝飾（p.39）、杏仁、腰果、果膠、糖粉…各適量

1

製作蒙布朗蛋糕。將傑諾瓦士蛋糕對切成2片，用圓形花嘴在其中一片擠上卡式達奶油醬。

2

放上切成一口大小的栗子，抹上8分發的鮮奶油霜，再疊上剩下的另一片傑諾瓦士蛋糕。

＊蛋糕體組裝好後先放入冷凍庫約30分鐘，等表面變硬之後會比較容易操作。

3

塗抹蒙布朗奶油霜。首先進行初胚作業。用蒙布朗奶油霜依側面、頂部的順序塗抹。

4

接著只完成側面的表層塗抹。

＊因為頂部會擠上奶油霜，所以不需要進行表層塗抹。側面則是要確實抹上一層較厚的奶油霜。

5

用刮板在側面做出條紋花紋。

6

將頂部抹薄。

＊從側面凸出來的奶油霜，就用刮刀以輕輕抹過的方式抹平。

7

擠上蒙布朗奶油霜。用蒙布朗花嘴以要將頂部完全覆蓋般的方式擠上奶油霜。

8

用星形花嘴在下方邊緣擠上貝殼狀（p.15）。

9

最後裝飾。放上塗了果膠的栗子裝飾。

＊將對切成一半的栗子隨意地放上加以裝飾，為整體設計畫龍點睛。

10

放上杏仁、腰果裝飾，撒上糖粉。

11

在柊葉裝飾上噴上金箔噴霧。

＊金箔噴霧是一種噴霧狀的食用金箔。因為不便宜，所以如果有的話再用即可。

12

放上**11**裝飾。

用鮮奶油霜擠花 &
奶油糖霜裝飾

浪漫婚禮蛋糕

集所有甜點裝飾技巧之大成的夢幻婚禮蛋糕。
每一層都有不同類型的擠花。將蛋糕體抹面後
堆疊起來，再分層個別用鮮奶油霜添加裝飾。

材料（最下層直徑30cm的4層蛋糕）

傑諾瓦士蛋糕（p.88）…直徑30cm、24cm、15cm、10cm的各1個
基本的鮮奶油霜（p.89）…5000g
草莓、覆盆子、奶油糖霜（p.16）、糖珠、果膠、糖粉、糖漿（p.23）…各適量
草莓果泥、食用色素（黃色、綠色、紅色）…各少許

※用白色的和以紅色、黃色食用色素調色的奶油糖霜製作6瓣花朵（p.17）。

1

組裝蛋糕。 製作草莓鮮奶油蛋糕，用鮮奶油霜塗抹到完成表層塗抹的狀態（p.19）。在中央的位置戳入5根免洗筷。

2

放上一片壓克立板（尺寸要比接下來要放的蛋糕小一圈），抹上鮮奶油霜當作黏著劑。

＊重疊蛋糕時用免洗筷和壓克力板補強結構。免洗筷的長度要切得比蛋糕的高度略短。

3

放上上一層的蛋糕。

4

擠鮮奶油霜。 用葉片狀花嘴將7分發的鮮奶油霜在第4層蛋糕的側面擠上荷葉邊狀（p.15）。

5

將2色的鮮奶油霜以縱向分成兩半填入裝有花瓣花嘴的擠花袋中，準備好漸層色的鮮奶油霜。

＊在花嘴開口較細的一側填入用草莓果泥調成粉紅色的鮮奶油霜，花嘴開口較大的一側填入白色的鮮奶油霜。

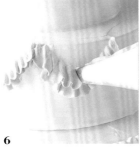

6

將花瓣花嘴開口較細的一側朝下，在第三層的蛋糕側面以圓弧狀擠上兩圈荷葉邊（p.15）。

7

用星形花嘴將7分發鮮奶油霜在**6**的連結處，擠上4個貝殼狀（p.15）。

8

用圓形花嘴將7分發鮮奶油霜在第1層和第2層蛋糕的底部邊緣，擠上圓球狀（p.15）。

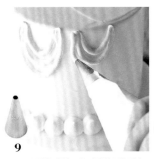

9

用圓形花嘴將7分發鮮奶油霜在第1層和第2層蛋糕的側面，擠上3條圓弧狀的線。

10

用星形花嘴將7分發鮮奶油霜在**9**的連結處，擠上5個貝殼狀（p.15），然後裝飾上糖珠。

11

在第2層蛋糕的側面用擠花紙筒描繪上藤蔓和小花（p.17）。

12

將用奶油糖霜做成的6瓣小花、塗了果膠或撒上糖粉的草莓和覆盆子放上加以裝飾。

甜點的基礎食譜

介紹本書中刊載的底座蛋糕、餅乾麵團
以及奶油霜等的基礎食譜。

傑諾瓦士蛋糕

材料（直徑12cm的圓形模具1個份）

全蛋蛋液 … 110g
細砂糖 … 46g
水麥芽 … 4g

　　低筋麵粉 … 33g
A　奶油 … 6 g
　　牛奶 … 3 g

※低筋麵粉過篩。
※將A隔水加熱使奶油融化。

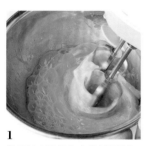

1
將蛋打入調理盆中並輕柔地打散。

2
加入細砂糖、水麥芽，用手持式電動攪拌器抵著調理盆底攪拌混合。

3
將2底部墊著熱水，用手持式電動攪拌器以高速打發。

4
打發到一定程度後就慢慢轉換為低速，調整麵糊的質地。

＊如果麵糊升溫到接近人體肌膚的溫度，就先從熱水中移出。

5
將麵糊打發到帶有黏稠度且會緩緩滴落的程度。

6
加入低筋麵粉。

7
用橡皮刮刀切拌混合。

8
加入A。

9

用橡皮刮刀拌混整體。

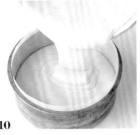

10

倒入鋪好烘焙紙的模具中，將模具拿起敲幾下整平表面。

＊因為烘烤時蛋糕體會膨脹，所以要準備高度比模具側面高出一些的烘焙紙。

11

將烤箱預熱至200℃，要放入烘烤前再設定為180℃烘烤約10分鐘。接著將模具前後轉換方向，再烤約6分鐘。

12

烤好後脫模，放在蛋糕冷卻架上冷卻。

＊在烘烤不同尺寸的傑諾瓦士蛋糕時，請以體積為基準調整材料分量。這道配方是以直徑12cm、高度6cm的圓形模具烘烤，烤好後的傑諾瓦士蛋糕體積約為680cm³。如果是烘烤片狀的蛋糕，高度則為3cm，再分別以體積為基準來算出不同蛋糕所需要的分量。

基本的鮮奶油霜

材料（分量350g）

鮮奶油（乳脂肪含量45％）… 210g
發泡鮮奶油（乳脂肪含量18％）＊… 105g
細砂糖 … 32g
君度橙酒 … 3g

作法

將所有的材料放入調理盆中，用手持式電動攪拌器打發到喜好的硬度。先打發到一定的程度，最後調整硬度時再用打蛋器操作。

＊發泡鮮奶油是混合了植物性油脂的產品，添加到以牛奶為原料的鮮奶油當中時不太會消泡，因此用來裝飾會變得很方便。如果無法兩種都準備的話，也可以只單用乳脂肪含量38～42％的鮮奶油。

戚風蛋糕

材料（直徑10cm的戚風蛋糕模具1個份）

蛋黃 … 40g
　細砂糖 … 5 g
A｜沙拉油 … 33g
　｜水 … 8g
　｜檸檬汁 … 3 g
蛋白 … 120g
　細砂糖 … 42g
低筋麵粉 … 47g

※低筋麵粉過篩。
※將A混合後加熱到30℃。

作法

1 將蛋黃放入調理盆裡，加入細砂糖後用打蛋器攪拌到整體泛白且黏稠。加入A充分混合攪拌。

2 在另一個調理盆中放入蛋白，將細砂糖分成3次加入，用手持式電動攪拌器打發製作蛋白霜。

3 在1中加入一半的2，用橡皮刮刀拌混，接著加入低筋麵粉充分拌勻。將剩下的2加入，切拌混合均勻後，倒入模具中。

4 以預熱至150℃的烤箱烘烤約25分鐘。

蛋糕卷

材料（36×25cm的烤盤1個份）

蛋黃 … 280g

糖粉 … 36g

蜂蜜 … 22g

蛋白 … 560g

細砂糖 … 202g

低筋麵粉 … 126g

沙拉油 … 86g

※低筋麵粉過篩。
※沙拉油加熱到40℃。

作法

1 在調理盆中放入蛋黃，再加入糖粉、蜂蜜，用打蛋器攪拌到整體泛白且黏稠。

2 在另一個調理盆中放入蛋白，將細砂糖分成3次加入，用手持式電動攪拌器打發製作蛋白霜。

3 在**1**中加入一半的**2**，用橡皮刮刀拌混，再加入低筋麵粉攪拌。加入沙拉油充分拌勻後，再加入剩下的**2**切拌混合。倒入鋪好烘焙紙的烤盤中，用刮板將表面抹平。

4 將烤箱事先預熱至180℃，在放入烘烤前設定為150℃烘烤約20分鐘。前後轉向後再烘烤約8分鐘。

※上述的分量可以製作本書介紹的蛋糕卷2卷，如果只要製作1卷的話，可以一開始就用一半的分量製作，或是以全量製作烘烤後，將剩下的蛋糕冷凍保存。

POINT

因為冷的油很難融入麵糊中，所以請先稍微加熱一下再使用。雖然打發蛋白霜時，細砂糖要分成3次加入，但如果第一次加入的時機太早的話，會無法確實打發，所以請在將蛋白打散且打發至稍微泛白後，再加入第一次的細砂糖。

卡士達奶油醬

材料（分量約360g）

蛋黃 … 50g

細砂糖 … 56g

A | 低筋麵粉 … 12g
  | 玉米澱粉 … 12g

牛奶 … 250g

奶油 … 25g

※將A混合過篩。
※將奶油置於室溫回軟。

作法

1 在調理盆中放入蛋黃，加入細砂糖用打蛋器攪拌到整體泛白且黏稠。將A加入混合攪拌。

2 將煮沸的牛奶一點一點慢慢加入**1**裡混合攪拌。將牛奶混合液過濾回溫熱的鍋子裡，開中火加熱。

3 為了避免燒焦，要一邊用打蛋器攪拌一邊加熱。加熱到表面冒泡沸騰且產生光澤後離火，加入奶油混合攪拌。立刻倒入淺盤中並緊密地貼上保鮮膜放置冷卻。

原味擠花餅乾

材料（約30片＝15個份）

奶油 … 55g

A｜糖粉 … 23g
　｜鹽 … 略少於1g

蛋白 … 9g

低筋麵粉 … 68g

※將奶油置於室溫回軟。
※低筋麵粉過篩。

作法

1 在調理盆中放入奶油，加入A用打蛋器抵著盆底攪拌到整體泛白且黏稠。將蛋白分成2次加入，充分拌混均勻。

2 加入低筋麵粉，用橡皮刮刀攪拌到沒有粉狀材料殘留。將麵糊填入裝有星形花嘴的擠花袋，以描繪直徑3cm圓形的方式，在鋪有烘焙紙的烤盤上圓圓地擠上麵糊。

3 將烤箱預熱至170℃，在放入烘烤前設定為150℃烘烤約10分鐘。將烤盤前後轉向，接著再烘烤約10分鐘。

可可擠花餅乾

材料（約30片＝15個份）

奶油 … 53g

A｜糖粉 … 22g
　｜鹽 … 略少於1g

蛋白 … 9g

B｜低筋麵粉 … 55g
　｜可可粉 … 10g

※將奶油置於室溫回軟。
※將B混合過篩。

作法

和「原味擠花餅乾」相同。

POINT
比起直接從冰箱拿出的蛋白，放置於室溫回溫後再加入麵糊中，會比較容易和麵糊結合。因為烤好的餅乾很容易受潮，所以放涼後請與乾燥劑一同放置保存。

巧克力磅蛋糕

材料（直徑7cm的馬芬模具6個份）

奶油 … 97g

上白糖 … 97g

全蛋蛋液 … 93g

A｜甜巧克力 … 29g
　｜鮮奶油（乳脂肪含量35%）… 14g

杏仁粉 … 25g

B｜低筋麵粉 … 29g
　｜高筋麵粉 … 14g
　｜可可粉 … 29g

※將奶油置於室溫回軟。
※用A製作甘那許（p.36）。
※將B混合過篩。

作法

1 將奶油放入調理盆，加入上白糖，用打蛋器抵著盆底攪拌到整體泛白。將隔水加熱到人體肌膚溫度的全蛋蛋液分成3次加入混合攪拌。

2 加入融化的A拌混。加入杏仁粉混合，再加入B用橡皮刮刀攪拌到沒有粉狀材料殘留。倒入模具中。

3 以預熱至160℃的烤箱烘烤約12分鐘。將模具前後轉向，設定為150℃再烤約15分鐘。

巧克力
傑諾瓦士蛋糕

材料（直徑15cm的圓形模具1個份）

蛋黃…79g
　細砂糖…5g
蛋白…79g
　細砂糖…25g
A｜甜巧克力…18g
　｜奶油…18g
B｜低筋麵粉…22g
　｜泡打粉…略少於1g

※將A隔水加熱融化。
※將B混合過篩。

作法

1 將蛋黃放進調理盆內，加入細砂糖，用打蛋器攪拌到整體泛白且黏稠。

2 在另一個調理盆中放入蛋白，將細砂糖分成3次加入，用手持式電動攪拌器打發製作蛋白霜。

3 在1中加入A，用打蛋器充分攪拌均勻。加入一半分量的2，用橡皮刮刀輕柔地拌混。加入B切拌混合後，再加入剩下的2輕柔地攪拌。倒入模具中。

4 將烤箱預熱至200℃，在放入烘烤之前設定為180℃烘烤約20分鐘。

塔皮

材料（直徑15cm的塔模1個份）

【甜塔皮】
　奶油…83g
　糖粉…21g
　杏仁糖膏*…62g
　低筋麵粉…125g
【杏仁奶油餡】
　奶油…45g
　細砂糖…45g
　全蛋蛋液…45g
　杏仁粉…45g
　低筋麵粉…9g

※將奶油置於室溫回軟。
※低筋麵粉過篩。

作法

1 製作甜塔皮。在調理盆中放入奶油，再加入糖粉、杏仁糖膏，用打蛋器充分攪拌。加入低筋麵粉用橡皮刮刀拌混。放進冰箱冷藏。

2 將麵團擀成3mm厚，鋪入塔模中。鋪上烘焙紙後放上壓派石。

3 以預熱至160℃的烤箱烘烤約25分鐘。取下壓派石後直接放涼。

4 製作杏仁奶油餡。在調理盆中放入奶油，加入細砂糖後用打蛋器抵著盆底攪拌。將隔水加熱到人體肌膚溫度的全蛋蛋液分成3次加入，混合攪拌。

5 加入杏仁粉攪拌後再加入低筋麵粉，用橡皮刮刀攪拌到沒有粉狀材料殘留。填入裝有圓形花嘴的擠花袋中，擠到3上。

6 以預熱至160℃的烤箱烘烤約30分鐘。

* 使用新鮮杏仁製成的烘焙點心用膏狀物。在國外有各種不同的稱呼。可以在烘焙用品專賣店等處購得。

POINT
甜塔皮麵團在鋪入模具之前，請先放進冰箱冷藏1小時以上再擀開。因為奶油如果太軟的話會很難操作，所以先冷藏使麵團中的奶油變硬後再開始操作。甜塔皮麵團可以冷凍保存，以鋪入模具的狀態冷凍會更方便使用。

千層派皮

材料（直徑20cm的圓形模具1個份）

低筋麵粉 … 60g
高筋麵粉 … 60g
鹽 … 2g
奶油 … 90g
冷水 … 40g

※低筋麵粉、高筋麵粉過篩。
※將奶油切成2cm的塊狀，放在冰箱冷藏備用。

作法

1 將冷水之外的所有材料放入食物調理機中混合，將奶油打至細碎。放入調理盆中，將冷水繞圈淋入，用刮板切拌混合。
2 聚合成一團後放入冰箱冷藏靜置。
3 將麵團擀成3mm厚。切取出直徑20cm的圓片，剩餘的部分切成條狀，繞著圓片的邊緣貼上。
4 將烤箱預熱至200℃，在放入烘烤前設定為175℃，烘烤約40分鐘。

檸檬果凍

材料（分量200g）

水 … 130g
細砂糖 … 30g
A｜吉利丁粉 … 5g
　｜水 … 20g
檸檬汁 … 15g

※將A的吉利丁粉放入水中泡發變軟後，隔水加熱至融化。

作法

1 在鍋中放入水、細砂糖後開中火加熱。煮到細砂糖融化後加入A，離火拌混。
2 放涼後加入檸檬汁攪拌，裝進保存容器中再放進冰箱冷藏。

糖霜餅乾麵團

材料（分量200g）

奶油 … 57g
A｜細砂糖 … 35g
　｜鹽 … 1g
全蛋蛋液 … 12g
低筋麵粉 … 95g

※將奶油置於室溫回軟。
※低筋麵粉過篩。

作法

1 將奶油放入調理盆中，加入A用打蛋器抵著盆底攪拌到整體泛白。將全蛋蛋液分成2次加入，充分拌混均勻。
2 加入低筋麵粉後用橡皮刮刀攪拌到沒有粉狀材料殘留。放進冰箱冷藏靜置。
3 擀成5mm厚，用模具壓出造型。鋪排放入鋪有烘焙紙的烤盤中，以預熱至160℃的烤箱烘烤約15分鐘。

米粉餅乾

材料（約8個份）

奶油 … 176g

A │ 在來米粉 … 256g
  │ 杏仁粉 … 80g

B │ 糖粉 … 96g
  │ 鹽 … 1g

牛奶 … 48g

※將奶油確實冰到變硬。
※在來米粉過篩。

作法

1 將A放入調理盆內，加入奶油用刮板將奶油切碎。奶油變細碎後用雙手搓揉混合，做成乾乾鬆鬆的狀態。

2 加入B混合。加入牛奶，再用刮板切拌混合。

3 聚合成團後放進冰箱冷藏靜置。

4 麵團擀成8mm厚，用直徑4cm、3cm、2.5cm、1.5cm的圓形模具壓出造型。鋪排放入鋪有烘焙紙的烤盤中，放入預熱至140°C的烤箱中，尺寸較小的烘烤約15～17分鐘，較大的則烘烤約20分鐘。

馬卡龍

材料（約10個份）

蛋白 … 33g

細砂糖 … 40g

A │ 糖粉 … 70g
  │ 杏仁粉 … 60g

＊蛋白 … 17g

食用色素(喜歡的顏色) … 少許

※將A混合過篩。

作法

1 將蛋白放入調理盆內，細砂糖分成3次加入，用手持式電動攪拌器打發製作蛋白霜。

＊若要調色的話，在加入細砂糖時也加入食用色素。

2 將**1**加入放入A的調理盆中，並加入＊的蛋白，用橡皮刮刀混合攪拌。在調理盆底部將麵糊以像是壓破氣泡的方式拌壓混合，反覆拌混到麵糊呈現光澤，填入裝了圓形花嘴的擠花袋中，擠出直徑約5cm的圓形麵糊。

3 以預熱至140°C的烤箱烘烤約11分鐘。

※烤好後放涼，用甘那許（p.36）當作夾餡。

POINT

蛋白霜如果沒打發好，會變成消泡的麵糊。確實做出充滿光澤的蛋白霜，是成功製作麵糊的關鍵。製作蛋白霜時若太早加入細砂糖，打發的情況就會不理想。當攪拌到覺得手感有一點變重時，再加入第3次的細砂糖攪拌。

抹茶傑諾瓦士蛋糕

材料（直徑40×20cm的烤盤1個份）

全蛋蛋液…215g
細砂糖…119g
水麥芽…14g
低筋麵粉…92g
A｜牛奶…45g
　｜奶油…14g
　｜抹茶粉…6g

※低筋麵粉過篩。
※將A隔水加熱至融化。

作法

和「傑諾瓦士蛋糕」相同。

蒙布朗奶油霜

材料（分量700g）

栗子泥…390g
卡士達奶油醬（p.90）…233g
基本的鮮奶油霜（p.89）…77g

作法

在調理盆中放入栗子泥，用手持式電動攪拌器打散。依序加入卡士達奶油醬、8分發鮮奶油霜攪拌混合。

＊過度攪拌的話會消泡。

Anniversary
店鋪資訊

アニバーサリー青山店
東京都港区南青山6-1-3 コレッツィオーネ1F
TEL 03-3797-7894

アニバーサリー早稲田店
東京都新宿区早稲田鶴巻町519 石垣ビル1F
TEL 03-5272-8431

アニバーサリー札幌円山店
北海道札幌市中央区北1条西28-6-1
TEL 011-613-2892

L'OLIOLI ロリオリ大丸札幌店
北海道札幌市中央区北5条西4-7 B1F
TEL 011-828-1111

L'OLIOLI ロリオリ365 伊勢丹新宿店
東京都新宿区新宿3-14-1 本館地下1階
TEL 03-3352-1111（代表號）

Decofleur デコフルール 西武池袋本店
東京都豊島区南池袋1-28-1 西武池袋本店地下1F
TEL 03-3981-0111(總代表號)

AnniBAUM
東京都新宿区早稲田鶴巻町519
TEL 03-6233-8950

本橋雅人
Motohashi Masahito

日本人氣甜點店「Anniversary」負責人。除了在日本學習甜點製作技巧外，還為了學習翻糖工藝而遠赴英國。在回到日本之後，以古典結婚蛋糕與精巧的設計，成為了翻糖工藝的泰斗。1990年在日本開設了以結婚蛋糕等「紀念日」為主題的法式甜點店，兼具了人氣與實力，自創的結婚蛋糕是日本國內首屈一指的設計品牌。著有《職人親授！超可愛烘焙小餅乾》（教育之友）、《ロマンチックデコレーションケーキBIBLE》（河出書房新社）等多部著作。

日文版Staff

協力STAFF	成田恵美（Anniversary）
	白土ゆりか（Anniversary）
攝影	菅井淳子
styling	大谷優依
設計	佐久間麻理（3Bears）
校對	あかえんぴつ
編輯	斉田麻理子（KWC）
	大沢洋子・加藤風花（文化出版局）
日文版發行人	大沼 淳

國家圖書館出版品預行編目資料

跟著大師學 微奢華甜點裝飾技法／
本橋雅人著；黃嫣容譯. -- 初版. --
臺北市：臺灣東販, 2019.06
96面；19×25.7公分
ISBN 978-986-511-022-2 (平裝)

1.點心食譜

427.16　　　　　　　　　　108006906

ICHIBAN YASASHII DECORATION NO KYOUKASHO
© MASAHITO MOTOHASHI 2018
Originally published in Japan in 2018 by
EDUCATIONAL FOUNDATION BUNKA GAKUEN
BUNKA PUBLISHING BUREAU.
Chinese translation rights arranged through TOHAN CORPORATION,
TOKYO.

跟著大師學
微奢華甜點裝飾技法

2019年6月1日初版第一刷發行

作　者	本橋雅人
譯　者	黃嫣容
主　編	陳其衍
美術編輯	黃盈捷
發行人	南部裕
發行所	台灣東販股份有限公司
	＜地址＞台北市南京東路4段130號2F-1
	＜電話＞(02) 2577-8878
	＜傳真＞(02) 2577-8896
	＜網址＞http://www.tohan.com.tw
郵撥帳號	1405049-4
法律顧問	蕭雄淋律師
總經銷	聯合發行股份有限公司
	＜電話＞(02) 2917-8022

TOHAN